Ramadan Shawky

Ecologia de Xerófitos e Halófitos na Península do Sinai, Egito

Ramadan Shawky

Ecologia de Xerófitos e Halófitos na Península do Sinai, Egito

ScienciaScripts

Imprint

Any brand names and product names mentioned in this book are subject to trademark, brand or patent protection and are trademarks or registered trademarks of their respective holders. The use of brand names, product names, common names, trade names, product descriptions etc. even without a particular marking in this work is in no way to be construed to mean that such names may be regarded as unrestricted in respect of trademark and brand protection legislation and could thus be used by anyone.

Cover image: www.ingimage.com

This book is a translation from the original published under ISBN 978-613-7-99257-9.

Publisher:
Sciencia Scripts
is a trademark of
Dodo Books Indian Ocean Ltd. and OmniScriptum S.R.L publishing group

120 High Road, East Finchley, London, N2 9ED, United Kingdom
Str. Armeneasca 28/1, office 1, Chisinau MD-2012, Republic of Moldova, Europe
Printed at: see last page
ISBN: 978-620-8-14706-8

PREFÁCIO

Antes de tudo e acima de tudo, o autor deseja expressar a sua mais profunda gratidão e agradecimento a Deus, pela graça e bondade, pela realização deste trabalho.

Na verdade, não poderia ter alcançado o meu atual nível de sucesso sem um forte grupo de apoio. Em primeiro lugar, os meus pais, pelo apoio contínuo, pelos conselhos gentis e pelo encorajamento. Dr. Mahmoud Abd El-Kawy Zahran, Professor Emérito de Ecologia Vegetal, Departamento de Botânica, Faculdade de Ciências, Universidade de Mansoura, Prof. Dr. Zeinab Nassar, Professor Emérito de Faixas, Centro de Investigação do Deserto. Dr. Nasser Barakat, Professor de Ecologia Vegetal, Departamento de Botânica e Microbiologia, Faculdade de Ciências, Universidade de Minia, pelo seu contributo para este livro, apoio e encorajamento.

Obrigado a todos pelo vosso apoio inabalável

A base para esta investigação surgiu originalmente da minha paixão pelo desenvolvimento de melhores métodos de estudo da ecologia das plantas do deserto e do seu importante valor, especialmente na Península do Sinai, um ponto quente de biodiversidade no Eypt.

Ramadan A. Shawky

Conteúdo

CAPÍTULO 1

Resumo

Shawky, Ramadan Abd El-Badea. Comparative Ecological Studies on Xerophytes and Halophytes in Sinai Peninsula. Dissertação de Mestrado em Ciências não publicada, Universidade de Minia, 2010.

Este estudo lança luz sobre a vegetação e o valor nutritivo de seis comunidades dominadas por seis espécies; três xerófitas, nomeadamente *Cornulaca monacantha* Delile, Descr., *Leptadenia pyrotechnica* (Forssk) Decne. e *Retama raetam* (Forssk) Webb & Berthel. e três halófitas nomeadamente: *Atriplex halimus* L., *Nitraria retusa* (Forssk.) Asch e *Juncus rigidus* Desf.

No total, foram amostrados 31 sítios representativos das plantas estudadas. A análise da vegetação foi efectuada quantitativa e qualitativamente (pelos métodos de quadratura e de transecto linear) para determinar a frequência relativa, a densidade relativa e a cobertura relativa de cada espécie.

Esta investigação mostra que os factores mais importantes que afectam a morfologia, a anatomia, a distribuição e a cobertura vegetal das espécies estudadas e que afectam a distribuição das plantas são (salinidade do solo, rácio de carbonato de cálcio, rácio de silte e argila e precipitação). Setenta e cinco (75) espécies de plantas (69 perenes e 6 anuais) foram associadas às espécies estudadas em diferentes locais. Estas espécies pertencem a 31 famílias. As principais famílias das espécies associadas são: Chenopodiaceae (13,69%), Compositae (9,59%), Zygphyllaceae, Gramineae e Leguminosae (8,22%). Cruciferae, Umblliferae, Boraginaceae, etc., estavam presentes em baixa proporção.

A corologia das espécies associadas estudadas revelou que: a maioria das espécies registadas são: Elementos Monorregionais foram (66,7%), Elementos Biregionais foram (26,7%) e Elementos Pluriregionais foram (6,6%). As formas de vida foram: Chamaephyte (60%), Phanerophyte (18%), Hemicryptophyte (14%), Therophyte (4%). Cada um dos Geófitos, Glicófitos e Helófitos foram (1,54%).

Em geral, os solos que suportam o crescimento das espécies estudadas são pobres em matéria orgânica. Os solos são arenosos, formados principalmente por areias grossas e finas, com pouca quantidade de silte e argila, exceto os locais de *J. rigidus* e *A. halimus*, que são franco-arenosos a argilo-arenosos.

O presente estudo indica que o valor nutritivo dá uma indicação altamente significativa nas halófitas do que nas xerófitas. No entanto, nos halófitos, o seu valor mais elevado foi determinado em *N. retusa*, seguido de *A. halimus*, enquanto o seu valor mais baixo foi obtido em *J. rigidus*. Nas xerófitas, o valor mais elevado foi registado em *C. monacantha*, seguido de *R. raetam*, enquanto o valor mais baixo foi obtido em *L. pyrotechnica*.

Palavras-chave: Vegetação, Valor nutritivo, Xerófitos, *Cornulaca monacantha*, *Leptadenia pyrotechnica*, *Retama raetam*, Halófitos, *Atriplex halimus*, *Nitraria retusa*, *Juncus rigidus* e Península do Sinai.

CAPÍTULO 2

Introdução

As terras áridas e semiáridas constituem aproximadamente um terço da superfície terrestre do mundo. Em contraste com as terras áridas utilizadas para fins agrícolas, muitos desertos e zonas de montanha suportam uma comunidade de plantas arbustivo-gramíneas esparsa a densa, que constitui um recurso significativo, útil para sustentar a vida humana, apoiando o pastoreio de animais e a colheita direta de produtos. Utilizações indirectas para fins estéticos e apoio às funções do ecossistema natural (Mckell, 1992). Por outro lado, as populações dos países em desenvolvimento das regiões áridas e semiáridas do mundo estão a crescer tão rapidamente que a terra e a água não são capazes de as sustentar (Zahran, 1992).

O Egito é um deserto árido, com exceção das zonas estreitas de terras férteis associadas ao rio Nilo, ao delta do Nilo e à depressão de Fayium (cerca de 4% da área total). Com o aumento da população, a procura de alimentos, matérias-primas para a indústria e forragens para o gado está a aumentar consideravelmente. Assim, o deserto pode ser considerado a esperança para o futuro do Egito. É rico em recursos naturais renováveis e não renováveis. A utilização destes recursos numa base científica pode ser a solução para muitos problemas (Rabiea, 1993).

No Egito, foram realizados muitos estudos ecológicos sobre a vegetação do deserto. Estes estudos revelaram que, de um ponto de vista económico, estes tipos de vegetação podem ser classificados em 4 grupos: plantas produtoras de fibras, plantas produtoras de forragens e plantas produtoras de drogas e de madeira. Muitas substâncias que utilizamos no nosso quotidiano são produtos vegetais. Numerosos medicamentos são isolados pela primeira vez a partir de espécies de plantas com sementes. Muitos dos medicamentos e aromas que são atualmente sintetizados em laboratórios foram originalmente descobertos a partir de plantas. Muitos produtos industriais, como a borracha, as bases para tintas, os óleos não derivados do petróleo, as gomas e os amidos de colagem são também derivados de sementes de plantas. O mais importante de tudo são os produtos vegetais comestíveis que constituem a base alimentar da cultura humana e a forragem para o gado (Heneidy & Bidak, 2004).

CAPÍTULO 3

Objetivo da tese

As xerófitas e halófitas que crescem naturalmente nos desertos do Egito podem desempenhar um papel importante para o bem-estar dos egípcios. Para além de serem plantas tolerantes à seca e/ou à salinidade, todas têm certas potencialidades agro-industriais. Estas plantas são, de facto, os recursos naturais renováveis promissores que poderiam fornecer ao país matérias-primas para diferentes indústrias. A conservação e a utilização sustentável destas plantas devem assentar numa base científica. Além disso, a produção de halófitas como culturas forrageiras não convencionais nas terras afectadas pelo sal nos desertos do Egito pode desempenhar um papel importante no que diz respeito à escassez de alimentos para animais e à produção de carne no Egito. Infelizmente, pouco se sabe sobre a auto-ecologia da maioria destas valiosas xerófitas e halófitas. A presente tese lança luz sobre os diferentes aspectos ecológicos de seis espécies nos desertos do Egito, três das quais são xerófitas, nomeadamente *Cornulaca monacantha, Leptadenia pyrotechnica & Retama raetam* e três são halófitas, nomeadamente: *Atriplex halimus, Juncus rigidus e Nitraria retusa.* Foram também discutidas as potencialidades económicas destas plantas.

CAPÍTULO 4
Área de estudo
Flora

A Península do Sinai tem um interesse ecológico especial devido ao seu ambiente variável, à sua beleza paisagística, à sua flora caraterística e, sobretudo, à sua singularidade e ao seu contraste. O Sinai é o ponto de encontro de dois continentes: África e Ásia. Esta união reflectiu-se na fisiografia, no clima e na cobertura vegetal do Sinai (Zahran & Willis, 2009).

Devido ao seu carácter único, a Península do Sinai tem sido objeto de vários estudos em diferentes domínios. A sua flora atraiu a atenção de muitos exploradores e botânicos desde o século XVII e mesmo antes (Zahran & Willis, 2009). (Batanouny, 1985) apresentou um relatório completo que descreve as actividades dos exploradores e botânicos na península desde 1761 até à atualidade. (Migahid *et al.*, 1959; Boulos, 1960 e Tackholm, 1974) registaram 730 espécies de plantas do Sinai.

A vegetação do Sinai, sendo uma ponte entre a África e a Ásia, reflecte a influência de diferentes regiões fitogeográficas que se encontram e se sobrepõem na península. Fitogeograficamente, a Península do Sinai pertence a quatro regiões fitogeográficas: 1) Mediterrânica com vegetação florestal e arbustiva, 2) Irano-turaniana com vegetação de estepes, 3) Saharo-árabe com vegetação desértica e 4) Penetrações sudanesas com vegetação do tipo savana. Estas quatro regiões sobrepõem-se na grande diversidade de tipos de clima, rocha e solo que tornam possível a existência de 900 espécies e 250-300 associações (Danin, 1986).

O número estimado de espécies nos diferentes habitats das três sub-regiões (norte, centro e sul) do Sinai, de acordo com (Zohary, 1935), é de 942 espécies pertencentes a diferentes elementos ou elementos ligados entre si. 59,2% do número total de espécies pertencem aos elementos monoregionais. Estas dividem-se em (299) espécies do Saharo-Scindiano, (98) espécies do Irano-Turaniano, (118) espécies do Mediterrâneo e (41) espécies do Sudaniano-Deccaniano. Além disso, a percentagem restante é de 40,8%. Pertence aos elementos birregionais e contém (Mediterrâneo; Irano-Turaniano e Saharo-Scindiano; Irano-Turaniano).

De acordo com (Hassib, 1951), o número total de espécies na flora da Península do Sinai é de 532, como se segue: 39 nanofanerófitos, 95 chamaéfitos, 142 hemicriptófitos, 27 geófitos, 10 hidrófitos e helófitos, 216 terófitos e 3 parasitas. (El Hadidi, 1967) afirmou que na Península do Sinai existem cerca de 36 espécies endémicas, a maioria das quais confinadas à região montanhosa e pertencentes ao Irão-Turaniano. Apenas algumas espécies endémicas pertencem ao elemento Saharo-Scindiano. As espécies de clima mediterrânico são caraterísticas das secções central e norte da península.

(Tackholm & Drar, 1954) determinaram que a flora do Egito compreende cerca de 2500 espécies pertencentes a 130 famílias, das quais 63 espécies são endémicas nas diferentes regiões do Egito. Nas três sub-regiões do Sinai existem 1247 espécies, representando cerca de 49,9 % do Egito. Estas espécies pertencem a 94 famílias divididas da seguinte forma: 47 espécies endémicas constituem a maior parte do total de espécies endémicas do Egito {A região montanhosa do sul contém o maior número de espécies endémicas (30 espécies), seguida da sub-região central (planalto de El-Tih) (10 espécies) e depois da sub-região norte (7 espécies)}; 346 não endémicas mas confinadas à Península do Sinai (ausentes do deserto ocidental, do deserto oriental e da região do Nilo) e 855 presentes no Sinai, bem como noutras regiões do Egito. (Boulos, 1995) enumerou 1 262 taxa de plantas vasculares conhecidas do Sinai, ou seja, 56,2% da flora do Egito está representada no Sinai; o número de taxa nativos e naturalizados conhecidos do Egito é de 2 247 (2094 espécies e 153 taxa infra-específicos). Outra investigação sobre as espécies endémicas é de 28 como (Danin, 1986), enquanto atingiu 36 de 70, ou 51,4% das conhecidas do Egito como (Boulos, 1997).

(Abdel Wahab *et al.*, 2008) investigaram a diversidade vegetal e a distribuição de plantas medicinais em relação a factores ambientais nos três distritos geomorfológicos (costa mediterrânica, anticlinais e interior) e em cinco habitats principais (pântanos salgados, dunas de areia, planícies de areia, wadis e desfiladeiros) na parte norte da Península do Sinai.

Geomorfologia

A Península do Sinai é um planalto triangular situado no nordeste do Egito, com o seu vértice a sul, em Ras Mohammed, onde a costa oriental do Golfo do Suez se encontra com a costa ocidental do Golfo de Aqaba (Lat 27^0 45 N). A sua base situa-se a norte, ao longo do Mar Mediterrâneo, estendendo-se por cerca de 240 km entre Port Said e Rafah (Lat 3P12 N), com uma área de cerca de 61 000 km^2 , ou seja, 6 % da área do Egito (Zahran & Willis, 2009).

A Península do Sinai é limitada a norte pelo Mar Mediterrâneo, a leste pela Palestina, a sudeste pelo Golfo de Aqaba, a oeste pelo Canal do Suez e a sudoeste pelo Golfo do Suez. Está dividida em duas sub-regiões, a parte norte com uma superfície de cerca de 40 700 km^2 inclui as terras mediterrânicas costeiras e, a sul, o deserto de El Tih. A parte sul da península forma o Sinai propriamente dito, com uma superfície de cerca de 20 300 km^2 . É formado por altas montanhas dissecadas por um complicado sistema de wadis profundos (Hassib, 1951). (Shata, 1956) dividiu o Sinai em três sub-regiões: sul, centro e norte, enquanto (Danin, 1983) o dividiu em 12 distritos devido aos parâmetros edáficos e climáticos.

(Said, 1962) afirmou que a Península do Sinai está separada de outras regiões do Egito pelo Golfo do Suez e pelo Canal do Suez. Continua com o continente asiático ao longo de mais de 200 km entre Rafah, no Mar Mediterrâneo, e a cabeceira do Golfo de Aqaba, em Ras Mohammed. O núcleo da Península, situado perto do extremo sul, é constituído por um complexo intrincado de montanhas ígneas e metamórficas altas e muito acidentadas. A parte norte, dois terços da península, é ocupada por um grande planalto calcário que drena para norte e que se eleva da costa mediterrânica, estende-se para sul e termina numa escarpa elevada nos flancos norte do núcleo ígneo.

Clima

(El Monayeri *et al.*, 1986 e Zahran, 1989) afirmaram que o clima nos desertos do Egito é caracterizado por: 1) aridez extrema e temperatura elevada, 2) amplas gamas de temperatura e humidade, tanto anuais como diurnas, e 3) precipitação escassa que varia muito nos diferentes anos.

(McGinnies *et al.*, 1968 e Danin, 1983) afirmaram que o deserto da Península do Sinai pertence ao deserto da Arábia. Caracteriza-se por: 1) Clima árido a extremamente árido com influência mediterrânica, 2) Precipitação principalmente no inverno e varia entre 250 mm no limite norte (deserto do Negev) e 10-20 mm no sul do Sinai e 3) Temperatura média de 10-20° C nos meses mais frios e 20-30o C nos meses mais quentes.

(Ayyad & Ghabbour, 1986) dividiu a península em duas zonas climáticas, nomeadamente 1) Árida, que inclui a sub-região norte e se estende ao longo da costa mediterrânica e do Golfo do Suez, sob a influência marítima do Mediterrâneo, com um período seco curto e uma precipitação anual que varia entre 20 e 100 mm. 2)

Hiperárido, que inclui a parte central e a parte sul, com um inverno fresco e um verão quente nas terras altas do sul do Sinai e uma precipitação anual que varia entre 20 e 50 mm, exceto no maciço alto do sul, que recebe 65 e 100 mm.

A quantidade de precipitação no Sinai diminui de nordeste para sudeste. A humidade sob a forma de precipitação é o fator mais decisivo que controla a produtividade, a distribuição das plantas e as formas de vida nas regiões áridas (Zohary, 1973). A precipitação varia consideravelmente de ano para ano. Os dados médios também podem ser enganadores na caraterização da precipitação devido à natureza das tempestades do deserto. Ocorre uma precipitação considerável como resultado de chuvas convectivas, que eram muito locais em extensão e irregulares em ocorrência (Sharon, 1977). O número de chuvas convectivas por estação é imprevisível em algumas partes do Sinai. As inundações resultantes de chuvas convectivas foram observadas em todas as estações. As chuvas de verão resultantes da influência da depressão do Mar Vermelho causam inundações As plantas tropicais de origem sudanesa podem germinar nos leitos húmidos dos wadi após as chuvas de verão (Ganor *et al.*, 1973 e Zahran & Willis, 2009).

A precipitação pode ocorrer sob a forma de neve nos picos elevados do sul do Sinai e a neve invernal pode durar 2 a 4 semanas, sobretudo nas vertentes setentrionais do Gebel Katherine. A precipitação, que cai sob a forma de chuva nos vales do sul do Sinai, pode ocorrer sob a forma de granizo nos picos elevados. A água proveniente do degelo da neve ou do granizo tem mais probabilidades de se infiltrar no solo do deserto devido à sua baixa taxa de percolação

(Migahid *et al.*, 1959; Moustafa & Zayed, 1996 e Zahran & Willis, 2009).

Os ventos de inverno sopram geralmente de oeste ou sudoeste, mas no verão sopram sobretudo de nordeste a noroeste. Em geral, a velocidade do vento não excede 6,7 ms^{-1}. Ocasionalmente, registam-se ventos fortes com velocidades até 15,2 ms^{-1}, ocorrendo normalmente uma vez por ano (Zahran & Willis, 2009).

As médias climáticas de nove estações metrológicas presentes nas proximidades dos locais selecionados foram analisadas para esclarecer as condições climáticas prevalecentes nos habitats onde os taxa estudados crescem, tabela (1) em apêndices. As nove estações metrológicas foram El Qantara, El Maghara, Al Arish, El Sheikh Zuwaied, Ras Sudr, Abu Rudies, Sharm El Sheikh, Nekhel e Nuwebae. A média climática de cinco anos, de 2001 a 2005, resume-se ao seguinte

-

1. Temperatura do ar:

A temperatura média em janeiro varia entre (9,7⁰ C) em Nekhel e (19,620 C) em El Maghara, mas em agosto varia entre (26,650 C) em Nekhel e (32,750 C) em Sharm El Sheikh. A figura (1) mostra que a temperatura anual mais elevada foi de (25,270 C) registada em Sharm El Sheikh, enquanto a mais baixa foi de (19,760 C) registada em El Sheikh Zuwaied.

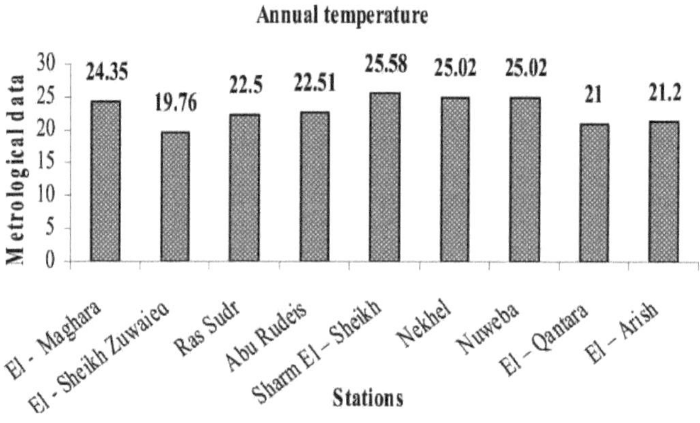

Figura (1). A temperatura média anual de nove
estações metrológicas
na Península do Sinai.

2. Precipitação:

A estação das chuvas é o inverno, mas as sub-regiões costeiras mediterrânicas têm uma quantidade de precipitação relativamente mais elevada do que as sub-regiões meridionais (interiores). A estação do verão é verticalmente seca e quente. A quantidade relativamente mais elevada de precipitação anual foi registada em janeiro (60,6 mm) em El Sheikh Zuwaied, mas a mais baixa foi de (3,7 mm) em Nekhel, em julho, e variou entre (0,0 mm) em cada um dos seguintes locais: Nekhel, El Maghara, Al Arish, Ras Sudr, Abu Rudies & Sharm El Sheikh e (8,52 mm) em El Qantara. A figura (2) mostra que a quantidade mais elevada de precipitação anual foi de (233 mm) registada em El Qantara, seguida de El Sheikh Zuwaied (208 mm), enquanto a mais baixa foi de (7,1 mm) em Sharm El Sheikh.

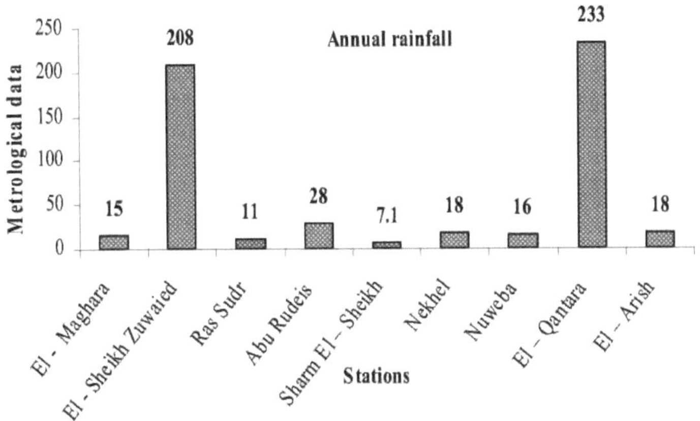

Figura (2). A precipitação média anual de nove estações metrológicas na Península do Sinai.

3. Humidade relativa:

A humidade relativa registada em janeiro variou entre (49 %) em Nuwebae e (80,21 %) em Sharm El Sheikh, mas em agosto variou entre (39 %) em Sharm El Sheikh e (87,27 %) em El Sheikh Zuwaied. A figura (3) mostra que a quantidade mais elevada de humidade relativa total anual foi (83,62 mm) registada em El Sheikh Zuwaied, enquanto a mais baixa foi (41,67 mm) em Sharm El Sheikh.

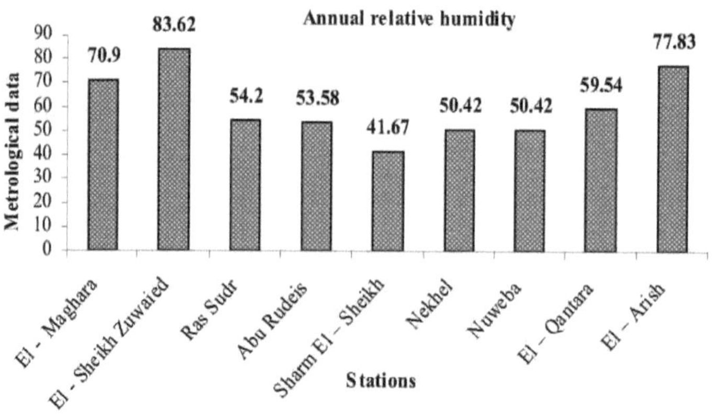

Figura (3). A humidade relativa média anual de nove

estações metrológicas

na Península do Sinai.

4. Velocidade do vento:

A velocidade do vento predominante em janeiro variou entre (1,15km/hora) em El Qantara e (21,8 km/hora), mas em agosto variou entre (4,39 km/hora) em El Sheikh Zuwaied e (37,9 km/hora) em Abu Rudies. A figura (4) mostra que o valor mais elevado da velocidade anual do vento foi de (25,66 km/hora) registado em El Sheikh Zuwaied, enquanto o mais baixo foi de (3,41 km/hora) em El Qantara.

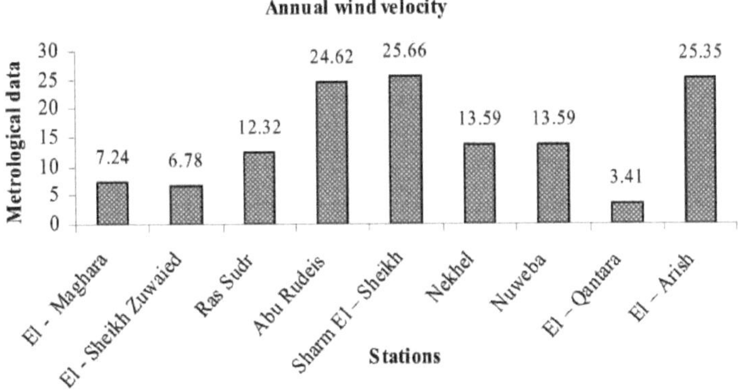

Figura (4). Velocidade média anual do vento em nove estações metrológicas na Península do Sinai.

Locais estudados

Foram selecionados dezasseis locais para representar os principais habitats dos três xerófitos: oito locais na parte norte, como se segue (quatro locais em cada uma das comunidades dominadas por *Cornulaca monacantha* e *Retama raetam*). Oito sítios na parte sul, como se segue (dois sítios em cada uma das comunidades dominadas por *Cornulaca monacantha* e *Retama raetam* e quatro sítios na comunidade dominada por *Leptadenia pyrotechnica*) figura (5a). Foram selecionados quinze locais para representar os principais habitats dos três halófitos: oito locais na parte norte, como se segue (dois locais em cada uma das comunidades dominadas por *Atiplex halimus* e *Juncus rigidus*, e quatro locais na comunidade dominada por *Nitraria retusa*). Sete na parte sul (três sítios em cada uma das comunidades dominadas por *Atiplex halimus* e *Nitraria retusa*, e um sítio na comunidade dominada por

Juncus rigidus) figura (5b).

Figura (5a, b) Mapa da Península do Sinai mostrando a distribuição dos sítios estudados.

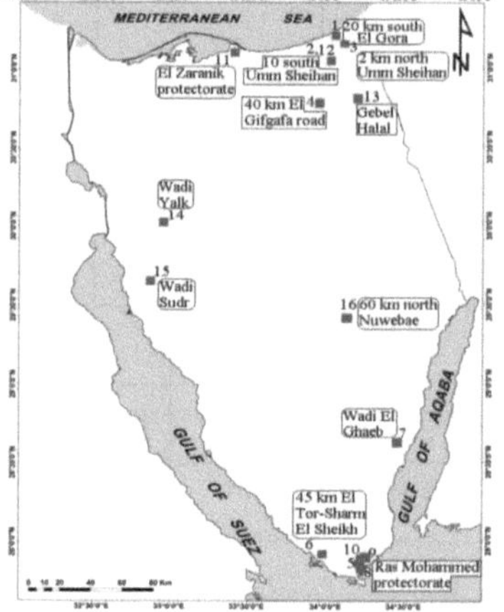

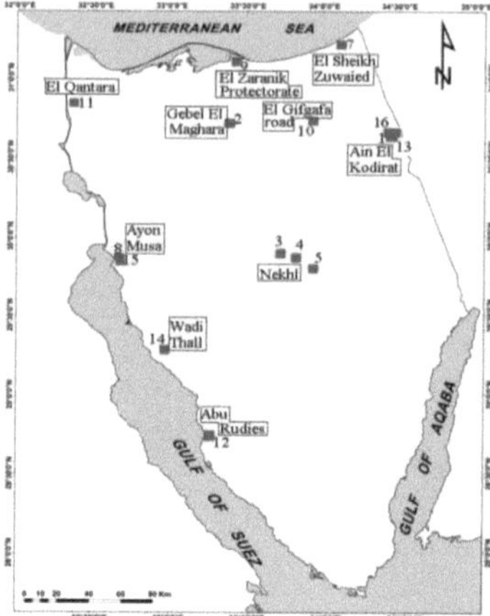

CAPÍTULO 5

Revisão da literatura

1. Xerófitas

As xerófitas são plantas que crescem em habitats secos sem acesso a água subterrânea (Walter & Kreeb, 1970); também (Zahran, 1989) definem as xerófitas como plantas adaptadas para viver em condições ambientais extremas, como a seca, a diminuição da água e o habitat xérico.

Esta tese apresenta alguns aspectos ecológicos de três xerófitos, nomeadamente *Comulaca monacantha*, *Leptadenia pyrotechnica* e *Retama raetam*.

I.A. *Cornulaca monacantha* Delile, Descr.

A família Chenopodiaceae contém 103 géneros, 1300 espécies; é cosmopolita, especialmente nas regiões áridas e salinas como nos desertos do Egito (Boulos, 1999).

Arbusto até 80 cm de altura, ereto; caules lenhosos, ricamente ramificados, geralmente com entrenós longos, caules velhos com casca fissurada; folhas 0.3-3 cm, triangulares ou triangulares-subuladas, subuladas ou aciculares, com base arredondada para o exterior; flores 2-5 em grupos axilares; rodeadas por tufos densos de pêlos brancos até 5 mm, os grupos geralmente bem separados, raramente congestionados; brácteas até 8 mm, triangulares-subuladas ou aristadas, recurvadas; bractéolas mais curtas, rectas; segmentos do perianto 2.5-3 mm; filamentos 2-3 mm, fundidos na parte basal, com apêndices papilosos entre as bases das pontas livres; anteras

1,5 mm ovoide; perianto frutífero 3-4 mm, piriforme; sementes 1,25 mm, arredondadas, comprimidas, amareladas (Boulos, 1999).

A distribuição da *C. monacantha* no Egito é nos Oásis, Mediterrâneo, Deserto Oriental e Deserto Ocidental e Sinai; planícies arenosas e wadis do deserto. No mundo, na África Ocidental tropical, no Saara, no Norte de África e no Sul da Ásia. (Boulos, 1999).

C. monacantha é uma planta psamófita que adquire o seu melhor crescimento no habitat arenoso, sendo uma espécie aglutinadora de areia. Pode também crescer em habitats rochosos e de cascalho; acumula a areia eólica à volta do seu caule e dos seus ramos, formando montes de areia e hummocks, criando o habitat arenoso favorável e preferível para o seu florescimento. Domina uma comunidade com um valor importante, pouco disseminada, com uma cobertura vegetal total entre 5 e 15 % (Dawidar *et al.*, 1973).

(Dawidar *et al.*, 1973) separou quatro compostos triterpenóides pertencentes à cadeia da série do ácido oleanólico de *C. monacantha*. Dois novos galoyltannin foram separados das partes aéreas de *C. monacantha* (Kandila & Graceb, 2001).

A estrutura do tamanho total é caracterizada pela preponderância dos indivíduos jovens em relação aos mais velhos (Shaltout & Ayyad, 1988 e Mosallam, 2005).

(Dembner, 1987) apresentou um breve relato do desenvolvimento de uma estratégia de estabilização de dunas de areia no sul de Marrocos, incluindo o estabelecimento de quebra-ventos e cinturas de árvores ou arbustos polivalentes utilizando *C. monacantha*.

LB. *Leptadeniapyrotechnica* (Forssk) Decne.

A família Asclepiadaceae contém 315 géneros, 2009 espécies, distribui-se nas regiões tropicais e quentes, poucas temperadas (Boulos, 2000).

Arbusto sem folhas com 1,2 - 4 m de altura, caule ereto, muito ramificado, terete, verde, ± espinescente; folhas (em ramos jovens) 0,5 x 0,2 - 0.35 cm, linear-lanceoladas, sésseis, agudas, glabras; flores em cimeiras axilares, com poucas flores, semelhantes a umbelas; pedúnculo 2-6 mm; pedicelo 2-3 mm, pubescente; cálice 1-2 mm, pubescente; corola 3-4 mm, amplamente em forma de funil, profundamente dividida, os lóbulos pubescentes em ambas as superfícies; folículo 8-12x0.5-0.7 cm, estreitamente elíptico, terete, glabro; sementes 6-8 mm; coma 2.5 - 4 cm (Boulos, 2000).

A distribuição de *L. pyrotechnica* no Egito é no Deserto Oriental, Gebel Elba e Sinai; planícies desérticas arenosas e wadis. No mundo, no Norte de África, na Argélia, na Líbia, no Egito, na Palestina, na Arábia, no Irão, no Paquistão, na Índia, no Chade, no Sudão, na Somália e na Etiópia (Boulos, 2000).

Os frutos e os ramos jovens de *L. pyrotechnica* são consumidos pela população local e utilizados na medicina popular e no fabrico de cordas a partir das suas fibras (Boulos, 2000).

(El Monayri *et al.,* 1986) afirmaram que *a L. pyrotechnica* acumula azoto e hidratos de carbono. O total de cinzas durante a estação seca é superior ao da estação húmida para se adaptar às condições de habitat xérico. (Migahid *et al.*, 1972) determinaram que a taxa de transpiração da *L. pyrotechnica* diminuía no inverno do que no verão.

L. pyrotechnica foi identificada como um item alimentar contendo 72,5% do seu peso como água e 25,1% de proteínas brutas (Mohamed *et al.*, 1991); enquanto (Abdalla *et al.*, 1995) determinaram que o conteúdo de proteínas brutas era de 26,9%, o conteúdo de fibras brutas era de 24,9%. (Jadeja *et al.*, 2004) investigaram o significado etnobotânico de *L. pyrotechnica* e *L. reticulata* como medicamentos à base de plantas e as potencialidades forrageiras.

A L. pyrotechnica é uma planta fibrosa, tradicionalmente utilizada como anti-histamínico e expetorante. Um novo triterpenóide pentacíclico, chamado lepotadenol, foi isolado de *L. pyrotechnica* (Fatima *et al.*, 1993). *A L. pyrotechnica* foi testada e introduzida no combate à invasão de areia e na estabilização de dunas de areia numa escala relativamente grande (Al Homaid *et al.*, 1990).

A planta inteira de *L. pyrotechnica* produziu 18 novos glicosídeos pregnânicos. As estruturas destes compostos foram elucidadas através da interpretação de dados espectroscópicos e de provas químicas (Cioffi *et al.*, 2006).

(Ahmed & El Hag, 2003) mostra que *a L. pyrotechnica* é uma espécie forrageira chave com dois tipos de resíduos de culturas; normalmente dada pelos agricultores aos seus animais. Os resíduos de culturas investigados foram as gramíneas, a palha de sorgo e a palha de painço (*Pennisetum typhodium*).

I.C. *Retama raetam* (Forssk) Webb & Berthel.

A família Fabaceae contém 642 géneros e 18.000 espécies desta família, a subfamília Papilionoideae contém 425 géneros (12150 espécies) e está amplamente distribuída nas regiões temperadas e tropicais (Boulos, 1999).

Arbusto de 0,5 - 2 m de altura; caules erectos ou espalhados; ramos verdes, estriados; racemos 1-5 floridos; corola 1-1,5 cm, branca com pontas arroxeadas; estandarte igual ou mais comprido que as asas; vagem 1-2x0,5-1 cm, indeiscente; sementes frutos acastanhados (Boulos, 1999).

A distribuição de *R. raetam* no Egito é no Mediterrâneo, no deserto oriental, no deserto ocidental e no Sinai; wadis do deserto. No mundo, no Norte de África e na região mediterrânica (Boulos, 1999).

A R. raetam é uma leguminosa do deserto, C3, perene, assimiladora do caule, comum nos ecossistemas áridos da bacia mediterrânica, caracterizada por um certo número de adaptações anatómicas e fisiológicas que lhe permitem aclimatar-se e crescer numa variedade de ambientes áridos (Fahn & Cutler, 1992 e Streb *et al.*, 1997).

(Girgis *et al.*, 1993) determinaram as cinzas totais, os hidratos de carbono solúveis, o azoto não solúvel e os aminoácidos em *R. raetam*. Após a precipitação, a planta recupera, acumula rapidamente as proteínas "em falta" e sai da dormência (Mittler *et al.*, 2001).

II. Halófitas

Globalmente, as halófitas são um grupo de plantas que inclui cerca de 2600 espécies pertencentes a 550 géneros e 117 famílias (Aronson, 1989; Menzel & Leith, 1998). Muitas halófitas podem ser consideradas como plantas forrageiras, pastadas como são pelo gado. Incluem espécies herbáceas anuais e perenes, bem como arbustos e árvores (Le Houerou, 1995). As halófitas são as plantas que crescem em ambientes salinos e que representam uma parte importante da vegetação natural, nomeadamente as plantas perenes e arbustivas (Zahran, 1989). Os halófitos ou a vegetação de habitats salinos (hálicos) podem ser considerados como um crescimento vegetal altamente especializado, caracterizado pela posse de uma grande tolerância ao sal (Dash, 1993).

Esta tese apresenta alguns aspectos ecológicos de três halófitos, nomeadamente: - *Atiplex halimus*, *Juncus rigidus* e *Nitraria retusa*.

II.A. *Atriplex halimus* L.

A família Chenopodiaceae contém 103 géneros, 1300 espécies; é cosmopolita, especialmente em regiões áridas e salinas como os desertos do Egito (Boulos, 1999).

Arbusto de 0,5 - 1 m de altura, monoico; caules lenhosos na base, muito ramificados, esbranquiçados; folhas de $1,5 \times 0,5 - 3,5 \ cm^2$, sésseis ou pecioladas curtas, ovado-rômbicas ou ovado-triangulares, afiladas em ambas as extremidades, inteiras ou com lóbulos agudos, branco-prateadas; flores em panículas terminais densas, quase sem folhas, espiculadas; bractéolas frutíferas 2.5 x 2,5 - 4,5 mm, reniformes a amplamente triangulares-ovais, conados na base, a parte superior livre ligeiramente dentada; sementes 1-2 mm, lenticulares, castanho-escuras (Boulos, 1999).

A poligamia em *A. halimus* parece que, até à data, as morfologias da inflorescência e das flores de *A. halimus* foram descritas de forma incompleta. Esta espécie tinha sido classificada como monóica ou dióica. Numerosas observações e estudos ontogénicos apontaram para tipos de flores morfológica e funcionalmente hermafroditas, nunca descritas até agora. Um exemplar desta espécie apresenta flores unissexuais, flores masculinas e femininas e flores bissexuais, pelo que *A. halimus* é polígamo e mais precisamente trimonóico. A observação das inflorescências revela uma estrutura baseada na espiga e no dicásio. (Talamalia *et al.*, 2001) discutiram a existência de um gradiente fisiológico que controla a sua expressão; também a sua distribuição sexual ao longo do eixo da inflorescência

A distribuição de *A. halimus* no Egito é no Mediterrâneo, no deserto oriental e no deserto ocidental e no Sinai; wadis, solos arenosos, margens de depressões salinas. No mundo, na região mediterrânica, na Arábia e na África Oriental (Boulos, 1999).

As folhas de *A. halimus* são utilizadas em doenças cardíacas e diabetes. O método é uma decocção de 50 g de folhas fervidas durante 30 minutos em água IL, uma chávena por dia é tomada por via oral (Boulos, 1999).

Chenopodiaceae inclui mais espécies halófitas do que outras famílias de plantas. *A Atriplex sp.* é uma das plantas superiores mais tolerantes ao sal. Adaptaram-se à salinidade através da tolerância interna e da excreção de sal (Mckell, 1992).

O crescimento de *A. halimus* (arbusto salgado) é fortemente estimado por baixos níveis de salinidade (Mozafar *et al.*, 1970). Também sugeriram que a salinidade não alterou o tamanho final das folhas. No entanto, a alteração dos pesos fresco e seco de um determinado número de folhas depende do substrato osmótico.

(Zeinab, 1989) mostra que o aumento da concentração de sal de 2000 a 4000 ppm exibiu uma diminuição significativa na altura da planta da beterraba forrageira. No entanto, (Nerd & Pasternak, 1992) estudaram a resposta de *A. barclayana* a várias salinidades, i.e. 50, 100, 200 e 400 mol/m^3.

De acordo com (Fahn, 1974) *A. halimus* tem uma estrutura foliar isolada, a epiderme é fina e coberta por pêlos vasculares salinos, por baixo da epiderme da folha contém uma camada de células hipodérmicas que armazenam água. O mesofilo ou clorênquima é constituído por células alongadas em paliçada. A excreção por glândulas salinas especiais é um mecanismo bem conhecido para regular o conteúdo mineral de muitas plantas halófitas.

O crescimento de *A. halimus* começou na primavera e continua durante uma longa estação seca em pastagens áridas e semi-áridas (Abu Hassan, 1985). O arbusto fornece forragem valiosa durante as secas e as estações secas (El Shatanawi & Mohawesh, 2000).

A. halimus é a espécie mais importante utilizada para a recuperação de pastagens nos matagais do deserto mediterrânico (Vallance, 1989 e Le Houerou, 1996). É uma fonte valiosa de energia e de proteínas brutas e tolera a seca (Vallance, 1989 e Nefzaoui, 1997).

Muitas investigações revelaram a boa capacidade produtiva, tanto em termos qualitativos como quantitativos, de *Atriplex spp.* como plantas de pastagem nas regiões mediterrânicas (Papanastasis, 1985; Talamucci, 1985 e Corleto *et al.*, 1991).

Na Jordânia, pensa-se que *as Atriplex spp.* são uma solução para a escassez de alimentos que ocorre durante as secas e os períodos de dormência. A maior parte das espécies forrageiras tem normalmente um elevado valor nutritivo durante o crescimento inicial, mas o seu valor nutritivo diminui rapidamente com a maturidade. A maioria dos arbustos, em geral, tem níveis elevados de proteína bruta, fósforo e cálcio ao longo do ano (Stidham *et al.*, 1982). *As Atriplex spp.* são halófitas com um potencial forrageiro considerável nas pastagens áridas e semiáridas da Ásia Ocidental (Le Houerou, 1992).

(Hart *et al.*, 1932) referiu que as alterações sazonais no teor de proteínas brutas de *A. halimus* eram elevadas e poderiam ser uma boa fonte de proteínas para o gado durante os períodos de verão e outono. A proteína é um dos nutrientes mais limitantes para a produção pecuária, porque melhora a ingestão e a digestibilidade da forragem (Holechek & Herbel, 1986).

(Vakshasya *et al.*, 1992) referiram que *A. halimus apresenta* uma grande sensibilidade à salinidade na fase de germinação. A germinação máxima foi registada em água destilada, enquanto as concentrações elevadas de sal inibiram a percentagem de germinação. De facto, as sementes de muitas halófitas são conhecidas pela sua tolerância à salinidade no solo e podem germinar quando a salinidade do solo é reduzida (Khan & Ungar, 1986).

(Abbad *et al.*, 2004) avaliaram o efeito da salinidade (NaCl) na germinação de *A. halimus* antes e depois da exposição ao stress salino, utilizando sete concentrações. Muitos autores sugeriram que as sementes da maioria das halófitas, especialmente do género *Atriplex*, são muito sensíveis à salinidade elevada durante a germinação e as fases iniciais de estabelecimento das plântulas (Khan & Ungar, 1996). No entanto, *A. halimus* é caracterizada por um polimorfismo alargado, principalmente dependente da sua amplitude ecológica (Kinet *et al.*, 1998 e Le Houérou, 2000).

As bracteolas nas estruturas de frutificação em *Atriplex sp.* podem servir para controlar o momento da germinação das sementes e ajudar na dispersão das sementes pelo vento ou pela água (Osmond *et al.*, 1980). Além disso, (Osman & Ghassali, 1997) determinaram que a remoção das bractéolas de frutificação de *A. halimus* aumentava a germinação de 35% para 98%, mas não se verificou uma inibição significativa da germinação quando se testou o lixiviado solúvel das bractéolas.

(Davis, 1980 e Moh'd *et al.*, 2000) determinaram que as mudanças sazonais na composição química do crescimento anual das folhas e caules de *A. halimus* mostram valores mais elevados de P^+ , Ca^{++} , proteína bruta e extrato livre de azoto nas folhas do que nos caules em qualquer data de corte.

A maioria dos arbustos tem geralmente níveis elevados de proteína bruta, fósforo e cálcio ao longo do ano (Stidham *et al.*, 1982). (Moh'd & El Shatanawi, 2002) afirmaram que a acumulação de matéria seca e o conteúdo químico de *A. halimus* que cresce nos arbustos do deserto mediterrânico têm um elevado valor nutritivo durante o crescimento inicial, mas o seu valor nutritivo diminui rapidamente com a maturidade.

Os arbustos salgados, em geral, caracterizam-se por um teor moderado de proteínas brutas e elevados teores de minerais, nomeadamente Na^+ , K^+ , $Cl^\wedge$ e Ca^{++} . *Atriplex spp.* representa um alimento palatável para ovelhas e camelos. Além disso, o seu comportamento halófito torna-a um modelo para o estudo dos mecanismos de tolerância ao sal nas plantas. A germinação das sementes é muito sensível à salinidade, uma vez que baixas concentrações de cloreto de sódio (50 mM) no meio atrasaram a germinação e reduziram a capacidade de emergência das plântulas. A germinação foi completamente inibida, mas de forma reversível, por concentrações de NaCl até 200 mM (Hela *et al.*, 2008).

(El Shaer, 1997) relatou um estudo comparativo sobre o valor nutricional de *A. halimus* selvagem e cultivado por ovelhas e cabras no Sinai. Estes arbustos podem também desempenhar um papel importante na produção animal, sendo uma fonte de proteínas e outros nutrientes. O teor de proteínas brutas do arbusto salgado *A. halimus* era elevado e seria uma boa fonte de proteínas para o gado durante os períodos secos do verão e do outono. A salicórnia A halimus fornece alimentos verdes para os animais em alturas de baixo valor nutritivo das gramíneas e forragens, e constitui uma reserva para a seca quando outras fontes de forragem escasseiam (Pengelly *et al.*, 2003).

II.B. *Juncus rigidus* Desf., Fl. Atlant.

A família Juncaceae contém um género, oito espécies; (Boulos, 2005).

Erva perene com 0,5 - 1 m de altura, rizoma com 1 cm de espessura, rastejante, lenhoso; frequentemente caespitoso por bifurcação frequente do rizoma; caules com 2-5 mm de espessura, rígidos, com 2-5 folhas basais; folhas mais curtas do que o caule, 1.5-3 mm de espessura, terete, pungente; feixes vasculares distribuídos na maior parte da secção transversal; aurículas ausentes; caules e folhas fracamente estriados;

inflorescência 5-40 x 2-5 cm, laxa geralmente alongada, com (20-) 50 - 150 (-300) poucas cabeças floridas; 2 brácteas inferiores semelhantes a folhas, pungentes, com bainhas largas; as primeiras 5-25 cm, incluindo a bainha 2-5 cm, mais curtas do que a inflorescência até muito mais compridas, formando um prolongamento aparente do caule; brácteas superiores pequenas, as das cabeças muito mais curtas do que as flores; tépalas 3.5-5 mm, estreitamente ovados a oblongos, agudos a obtusos, castanhos claros ou, quando jovens, herbáceos na parte central, com margens largas e escamosas, cápsula 3,5 - 5 mm, excedendo visivelmente ou raramente igualando as tépalas, estreitamente trigono-ovoide com um ápice trigonus afilado, pálido, castanho claro a cor de palha; sementes 0,9 - 1,8 mm, incluindo o revestimento da semente, com 2 anexas (Boulos, 2005).

A distribuição de *J. rigidus* no Egito é na região do Nilo, Oásis, região mediterrânica, Deserto Oriental e Deserto Ocidental, Mar Vermelho, Gebel Elba e Sinai, depressões periódicas ou permanentemente húmidas, margens de cursos de água e pântanos salgados. No mundo, no sul da Anatólia, Chipre, Norte de África do Egito a Marrocos, Palestina, Síria, Arábia, Iraque, Irão, Afeganistão, Sudoeste do Paquistão e África Austral (Boulos, 2005).

Ecologicamente *J. rigidus* é uma espécie tolerante ao sal; euhalophyta de tipo cumulativo (Walter, 1961). *J. rigidus* encontra-se em níveis elevados de cálcio e magnésio no solo (Coultas & Gross, 1975 e Serage *et al.*, 2003).

Os pântanos salgados interiores do deserto ocidental egípcio encontram-se sob a forma de Sabkhas (Zahran, 1982). As salinas litorais estão sujeitas a influências marítimas, ou seja, inundações periódicas com água do mar, pulverização de água do mar, infiltração de água do mar. A sua formação ocorre através do assoreamento de lagoas ou de zonas litorais protegidas por areia ou por barras simples. Encontram-se, em geral, quando se verifica uma das seguintes condições fisiográficas: a presença de estuários, o abrigo de manchas ao largo da ilha-barreira e grandes ou pequenas baías protegidas com águas pouco profundas; As salinas interiores estavam longe do alcance da influência marinha (Zahran, 1982).

O J. rigidus propaga-se vigorosamente com os seus rizomas que se estendem horizontalmente dando novos rebentos sem nós e os beduínos costumam cortar estes rebentos uma vez por ano para fazer esteiras, cestos, sandálias e canetas da melhor qualidade. As suas sementes são utilizadas na medicina oriental como diurético e antidiarreico (Tackholm & Drar, 1954).

As sementes de *J. rigidus* têm potencialidades quantitativamente mais elevadas do que os caules. Os caules e as sementes podem ser utilizados como fonte de produtos potencialmente úteis (Zahran & Boulos, 1973).

A anatomia de *Juncus spp.* foi estudada por (Culter, 1969). Continha uma baixa percentagem de cinzas 6,5% uma baixa percentagem de lenhina 13,3% uma elevada percentagem de celulose 39,8% e um índice de grau elevado 735 que branqueava o papel com elevada qualidade (Zahran & El Habibi, 1973)

(Shaltout *et al.*, 1997) avaliou as comunidades vegetais e os factores ambientais que determinam a riqueza e a distribuição das espécies nas planícies costeiras do leste da Arábia Saudita. Foram identificados 34 grupos de vegetação. Destes, *J. rigidus* ocorre apenas num habitat com planícies altamente salinas.

Em Ayon Musa, no sudoeste do Sinai, *J. rigidus* domina o habitat dos pântanos salgados húmidos e está associado a *Phragmites australis* e *Typha domingensis* (Olama & Shehata, 1993).

II.C. *Nitraria retusa* (Forssk) Ach.

A família Nitrariaceae contém um género, uma espécie; era cosmopolita, especialmente em regiões áridas e salinas como o deserto do Egito (Boulos, 2000).

Shrub 1 - 2 m height, stems many, spinescent, appressed-canescent; leaves 1 - 2.5 x 0.5 - 1.5 cm^2 , alternate or in fascicles, petiolate, fleshy, obovate-cuneate-dentate at the apex; stipules minute, persistent; flowers 5 - 8, in loose dichotomus cymes on young branches; pedicel 3-6 mm; sepals 2-2.5 mm, persistentes; pétalas 4-5 mm, branco-esverdeadas, híspidas; estames 15; fruto uma drupa frisada, 0,6 - 1 x 0,5 - 0,6 cm, trigonada, com forma de pera, vermelha, o fruto doce era comestível (Boulos, 2000).

A distribuição de *N retusa* no Egito é na região do Nilo, Oásis, Mediterrâneo, deserto oriental e deserto ocidental, Mar Vermelho, Gebel Elba e Sinai; solos salinos costeiros e interiores e margens de pântanos salgados. No mundo, encontra-se no Norte de África, Palestina, Síria, Arábia Saudita, Iraque, Irão e Paquistão (Boulos, 2000).

No caso da N retusa, a expansão horizontal está relacionada com a sua capacidade de proteger grandes colinas ou montes fitogenéticos, que eram chamados nabkhas nos desertos árabes (Kassas & Zahran, 1967). Caracteriza-se por uma copa larga e porosa e por um sistema radicular forte que penetra horizontal e verticalmente no substrato sedimentar. Além disso, este arbusto é capaz de crescer rapidamente sobre os sedimentos acumulados pelo vento (Khalaf *et al.*, 1995).

Os frutos vermelhos carnudos de *N retusa* são consumidos pelo homem e pelas aves, a madeira é utilizada como combustível pelos habitantes locais (Kassas & Girgis, 1965) e as folhas carnudas amargas são utilizadas como cataplasma (Jafri & El Gadi, 1977). É um importante controlador de areia, as suas folhas e ramos são ocasionalmente pastados por ovelhas, cabras e camelos (Le Houerou, 1980 e Heneidy, 1996).

(Danin, 1983) referiu que *a N. retusa* é uma das plantas que necessita de água relativamente doce para a germinação e estabelecimento, mas pode tolerar condições muito mais salinas quando é uma planta adulta. (Shaltout & Ayyad, 1988; Shaltout & El Beheiry, 2000 e Shaltout *et al.*, 2003) indicaram que *a N. retusa* tolera grandes gradientes de salinidade, mas os povoamentos hipersalinos afectaram fortemente o crescimento desta planta, em particular os juvenis.

(Sudhersan *et al.*, 2003) afirmaram que *a N. retusa* tem a capacidade de tolerar condições adversas extremas, como a poluição por petróleo, a seca e o sal, para além da sua possível utilização potencial em paisagismo urbano.

(Ben Abdallah & Boukhris, 1990) determinaram o efeito dos poluentes atmosféricos na vegetação da região de Safax (Tunísia) e verificaram que as espécies resistentes, como *Limoniastrum monopetalum* e *N.*

retusa podia acumular 800 e 4000 ppm, respetivamente, sem apresentar danos.

As pastagens naturais na região do Sinai, no Egito, são dominadas por várias espécies halófitas (tolerantes ao sal). No entanto, atualmente, os arbustos palatáveis sofrem gravemente com o sobrepastoreio. Os estudos de investigação têm sido orientados para a utilização óptima destas terras através da distribuição de forragens não palatáveis e menos palatáveis. As espécies halófitas comuns na zona do Sul do Sinai variam muito na sua composição química e mineral, mas são relativamente nutritivas no inverno (particularmente as palatáveis, por exemplo *Suaeda fruticosa*, *N retusa* e *Salsola tetrandra*). A maioria dos arbustos halófitos contém quantidades moderadas de proteínas brutas e níveis elevados de cinzas, sílica e constituintes fibrosos. Os animais em pastoreio precisariam de ter estes suplementos com outras fontes, uma vez que a maioria das espécies halófitas eram deficientes em conteúdo energético (El Shaer, 1997).

Utilizando os inóculos de dromedário (Khorchani *et al.*, 2000) determinaram que os teores de matéria seca (MS), matéria mineral (MM), proteína bruta (PB), fibra detergente neutra (FDN) e fibra detergente ácida (FDA) de algumas halófitas como (*A. halimus*, *N. retusa*) são mais elevados do que (*Tamarix gallica* e *Limoniastrum guyonianum*).

CAPÍTULO 6

Materiais e métodos

A. Estudos de campo

A.l- Análises florísticas e da vegetação

Os estudos de campo do presente trabalho foram efectuados através de visitas mensais regulares durante 2004 - 2005. Foram recolhidos espécimes de plantas e amostras de solo. As listas de espécies registadas são identificadas de acordo com (Tackholm, 1974 e Boulos, 1995, 1999, 2000, 2002 & 2005).

A corologia das espécies associadas às plantas estudadas foi citada de acordo com (Zohary, 1973; Hamzaoglu, 2006 e Mosallam, 2007). As formas de vida das plantas (Therophytes, Geophytes, Hemicryptophytes, Chamaephytes e Phenrophytes) foram identificadas de acordo com (Raunkaier, 1934 e Cain, 1950). A fenologia (crescimento vegetativo, floração, frutificação e dispersão de sementes) das plantas estudadas foi observada durante o período de estudo.

Durante os estudos de campo, foram registadas as seguintes propriedades morfológicas para cada uma das espécies estudadas: a altura média (cm), o número de ramos principais/planta, o número de ramos laterais/planta, o número de folhas/planta, o número de botões/planta, o número de flores/planta, a área foliar e o comprimento das folhas através de um medidor de área foliar portátil modelo (Li-3100). A cobertura da copa foi calculada pela seguinte equação (Thalen, 1979).

$$\text{Cobertura da coroa} = \tfrac{1}{4} (\pi \, D \, D \,)_{12}$$

Considerando que: (π = 3,14, D_1= o diâmetro máximo do arbusto e D_2= o diâmetro mínimo do arbusto)

Para a análise da vegetação e da florística das comunidades dominadas pelas espécies estudadas na Península do Sinai, foram amostrados trinta e um sítios representativos das plantas estudadas. Foram selecionados dezasseis locais para representar os principais habitats das três xerófitas da seguinte forma: seis locais na comunidade dominada por *C. monacantha*, quatro locais na comunidade dominada por *L. pyrotechnica* e seis locais na comunidade dominada por *R. raetam*. Foram selecionados quinze locais para representar os principais habitats dos três halófitos da seguinte forma: três locais na comunidade dominada por *J. rigidus*, cinco locais na comunidade dominada por *A. halimus* e sete locais na comunidade dominada por *N retusa*. Os locais acima referidos foram estudados quantitativa e qualitativamente utilizando os métodos de transectos lineares (50 m de comprimento) e de quadrículas. Em cada uma das comunidades de *C. monacantha*, *L. pyrotechnica*, *R. raetam*, *A. halimus* e *N retusa*, foram efectuadas quatro quadrículas aleatórias (10 x 10 m). Para a comunidade *de J. rigidus* foram efectuadas 20 quadrículas aleatórias (1x1 m) em cada local. As espécies presentes em cada quadrado foram listadas e o número de indivíduos de cada espécie foi contado. A densidade relativa foi avaliada por unidade de área e a frequência foi calculada de acordo com (Oosting, 1956 e Dombois-Muller & Ellenberg, 1974). A cobertura vegetal foi estimada em percentagem da superfície do solo de acordo com (Canfield, 1941). A densidade relativa (D.R), a frequência relativa (F.R) e a cobertura relativa (C.R) foram calculadas para cada espécie e somadas para dar uma estimativa para o seu valor de importância (IV) em cada povoamento que estava fora de 300 usando a equação IV= (R.D) + (R.F) + (R.C) como (Ludwig e Reynolds, 1988). As espécies anuais foram listadas e as suas densidades foram determinadas como sinal positivo (+). O valor de presença das espécies foi calculado de acordo com a seguinte equação

$$\text{Presence (P \%)} = \frac{\text{No. of sites in which the species occurred}}{\text{Total number of sites studied}} \times 100$$

O sistema de posicionamento global (GPS) foi utilizado com precisão para coordenar os locais selecionados na área de estudo. Este sistema foi aplicado utilizando um dispositivo GPS (Modelo 12, Garmin Corporation, EUA).

A.2- Amostragem do solo

O perfil do solo (0-40 cm) foi escavado à volta do sistema radicular das plantas estudadas. Em cada perfil, foram recolhidas quatro amostras de solo de cada uma das camadas superficiais recentemente expostas (0-20 cm) e da camada subsuperficial (20-40 cm). As amostras de solo recolhidas foram transportadas para o laboratório em sacos de plástico logo após a recolha e misturadas. Estas amostras foram espalhadas sobre folhas de papel, secas ao ar, bem misturadas, passadas por um peneiro de 2 mm para remover cascalhos e detritos e embaladas em sacos de plástico prontos para análises laboratoriais.

B. Análises laboratoriais

2.1- Caraterísticas anatómicas

Para a investigação micromorfológica, foram utilizados pedaços de materiais frescos de caule, caules e folhas, com segmentos de 0,5 cm de comprimento

do caule e a porção média da folha foram cortadas e imediatamente imersas em álcool acético formalina (FAA) (10 ml de formaldeído 40%, 5 ml de ácido acético glacial, 50 ml de álcool etílico 95% e 35 ml de água destilada). As amostras de caule foram retiradas dos ramos jovens a 20-30µ, enquanto as amostras de lâmina foliar foram retiradas de folhas maduras e foram seccionadas a 10-20µ. Estas secções foram coradas de acordo com (Johansen, 1940) em safranina (solução a 1% em etanol a 50%) e verde claro (solução a 1% em etanol a 96%). Os espaços microscópicos permanentes da anatomia do caule e das folhas foram examinados utilizando um estéreo-microscópio (modelo 131-CLED). Secções selecionadas de caules e folhas foram fotografadas com um microscópio Carl Zeiss (modelo 60508). A terminologia relativa à linha de saída, espessura da célula epidérmica, vista do feixe vascular e tipos de tricomas foi examinada de acordo com (Fahn, 1974 e Esu, 1977).

2.2- Análises de plantas

Durante as estações húmida e seca, foram colhidas três amostras de cada espécie em estudo nos diferentes locais. As amostras foram secas num forno elétrico a 70º C até atingirem um peso constante, de acordo com o método de (Chapman e Pratt, 1978) com algumas modificações.

2.3- l- Extrato vegetal (método de incineração por via húmida)

Pesou-se 0,5 g de material vegetal moído (seco no forno a 70º C) para um balão de digestão de 250 ml (previamente lavado com ácido e água destilada), adicionando-se 10 ml de ácido sulfúrico concentrado

(H2SO4). As amostras foram digeridas num aquecedor elétrico. Em seguida, adicionaram-se gotas de peróxido de hidrogénio (H O_{22}) até ao aparecimento de manchas brancas densas e, por fim, a solução tornou-se límpida. Deixou-se a solução arrefecer e diluiu-se com água destilada até se obter um volume constante de 100 ml. A filtração foi efectuada com papel de filtro. A solução foi armazenada para a determinação dos menirais de acordo com (Chapman e Pratt, 1978).

B.2-2 Suculência %

Determinação do valor de suculência através da seguinte equação (Dehan & Tal, 1978).

$$\text{Succulence \%} = \frac{\text{(Fresh weight - Dry weight)}}{\text{Dry weight}} \times 100$$

B.2-3- Matéria inorgânica (% de cinzas)

Foram colocados dois gramas de amostra seca em pó num cadinho limpo e previamente tarado; em seguida, transferiu-se para uma mufla a (600 - 800° C) durante (8 - 12) horas até à ignição completa, arrefeceu-se o cadinho num dissector à temperatura ambiente e pesou-se. O teor de cinzas foi determinado de acordo com as seguintes equações (Askar & Treptow, 1993).

Teor de cinzas (gm) = (peso do cadinho vazio + cinzas vegetais) - peso do cadinho vazio

$$\text{Inorganic matter (Ash \%)} = \frac{\text{Weight of Ash}}{\text{Weight of plant sample}} \times 100$$

B.2-4- Fibra bruta (C.F %)

Dois gramas de pó de planta foram extraídos com éter de petróleo em soxhlet + 200 ml de H2SO4 (1,25%), depois refluxo durante meia hora após ebulição em banho-maria, filtrar o misturador com Buckner, depois lavar com água destilada, transferir o resíduo para um balão e adicionar 200 ml de NaOH (1,25%). Refluxar durante meia hora após a ebulição em banho-maria. Filtrar com papel de filtro sem cinzas (previamente tarado), lavar com água destilada, transferir o papel de filtro sem cinzas e o resíduo para um cadinho previamente tarado e levar à estufa a 105° C (W1). Em seguida, transferir para a mufla a 600o C (W2). A percentagem de fibra bruta foi determinada de acordo com a seguinte equação (British Pharmacopeia, 1993).

$$\text{Crude fiber \%} = \frac{(W1 - W2)}{WT} \times 100$$

Considerando que: (W1= (peso do cadinho + resíduo) - peso das cinzas sem papel de filtro, W2 = (peso do cadinho + resíduo) a 600o C e WT= peso da amostra de planta).

B.2-5- Azoto total (T.N %)

O azoto total foi determinado utilizando o método micro-kj-eldhal, descrito por (Jones, 1991) como a seguinte equação:

$$\text{Nitrogen \%} = \frac{(Rs - Rb) \times N \times 14 \times \text{Dilution}}{WT \times 10 \times 1000} \times 100$$

Considerando que: (Rs = leitura do aparelho na amostra, Rb = leitura do aparelho no branco (água destilada) e N = normalidade do NaOH (0,05) e WT = peso da amostra da planta).

B.2-6- Proteína bruta (C.P %)

A proteína bruta foi calculada multiplicando o azoto total por 6,25 de acordo com (Tripathi *et al.*, 1971 e Jones *et al.*, 1991).

B.2-7- Proteína bruta digestível (D.C.P %)

A proteína bruta digestível foi estimada de acordo com (Le Houerou, 1980) usando a fórmula: D.C.P= 0,93 C.P - 3,52 (De Ridder *etal.*, 1982).

B.2-8- Azoto digestível total (T.D.N %)

O azoto digestível total foi estimado utilizando a equação (T.D.N= 65,14 + 0,45 C.P - 0,38 C.F) de acordo com (Adams *et al.*, 1964 e El Khouly & Abu El Nasr, 2006).

B.3- Análises do solo
B.3-l- Propriedades físicas
B.3-l-l- Textura do solo (análise mecânica)

As diferentes fracções das amostras de solo arenoso foram separadas pelo método de peneiração a seco. Um peso conhecido de amostras (100 gm) foi passado através de uma série de peneiras (> 2, 2 - 1,6, 1,6 - 0,25, 0,25 - 0,125, 0,125 - 0,05 e < 0,05 mm) de diâmetro para separar cascalho grosso, cascalho fino, areia grossa, areia média, areia fina, silte e argila, respetivamente (Antigo Sistema Americano). A quantidade de cada fração foi expressa em percentagem do peso original utilizado. (Piper, 1950 e Ryan *et al.*, 2001).

B.3-l-2- Teor de humidade (M.C %)

Para estimar o teor de humidade, as amostras de solo foram recolhidas sazonalmente nas estações húmidas e secas, à superfície e a profundidades sub-superficiais. Foram rapidamente colocadas numa lata selada e levadas para o laboratório. As amostras foram pesadas e secas a pesos constantes a 105° C. A diferença entre o peso fresco e o peso seco no forno foi calculada para representar o teor de humidade como percentagem do peso seco no forno (Piper, 1950 e Ryan *et al.*, 2001) usando a seguinte equação:-

$$\text{Moisture \%} = \frac{\text{(Fresh weight - Dry weight)}}{\text{Dry weight}} \times 100$$

B.3-2- Propriedades químicas

B.3-2-l- Preparação do extrato

Foram feitos extractos solo-água (1:1) utilizando 100 g de amostra de solo seca ao ar e 100 ml de água destilada, o extrato foi transferido para um funil de filtração para separar a solução da pasta de solo. O filtrado foi utilizado na determinação dos seguintes parâmetros: reação do solo (pH), condutividade eléctrica (C.E.), catiões solúveis (Na^+, K^+, Ca^{++} e Mg^{++}) e aniões solúveis como cloretos (Cl^-), sulfatos (SO_4^{--}). O carbonato de cálcio e o carbono orgânico foram estimados utilizando o solo seco ao ar como pó (Jackson, 1962 e Ryan *et al.*, 2001).

B.3- 2-2- Reação do solo (pH)

Foi utilizado um medidor de pH elétrico (kit de teste ORP) para determinar a reação dos extractos do solo para as amostras de solo recolhidas (Richards, 1954; McLean, 1982 e Ryan *et al.*, 2001).

B.3- 2-3- Condutividade eléctrica (C.E.)

A condutividade eléctrica (C.E.) foi medida utilizando o YSI Yellow a spring a steneal U.S.A MODEL 83. Os resultados foram expressos em ds^{-1}/cm (Richards, 1954 e Ryan *et al.*, 2001).

B.3- 2-4- Carbonatos de cálcio (CaCO$_3$ %)

A percentagem de carbonato de cálcio no solo foi determinada pelo método de titulação. Colocar 0,5 g de solo num erlenmeyer, adicionar 10 ml de HCl 1 N (diluir 82,8 ml de HCl conc. (37%) num litro de água destilada), agitar e aquecer a 50-60° C. Após arrefecimento, adicionar 50-100 ml de água destilada e 2-3 gotas de indicador fenolftaleína (dissolver 0,5 g de fenolftaleína em 100 ml de etanol). Efetuar a titulação com NaOH 1,0 N (dissolver 40 g de NaOH num litro de água destilada), agitando o balão até ao aparecimento do ponto final da cor rosa, efetuar a leitura e repetir três vezes. Foi efectuada uma titulação em branco sem solo e a leitura foi feita para fixar a normalidade do HCl utilizando a seguinte equação de acordo com (Ryan *et al.*, 2001).

$$CaCO3\ \% = \frac{(N1 \times V1)\ HCl - (N2 \times V2)\ NaOH \times 0.05}{WT} \times 100$$

Considerando que: (N1= Normalidade do HCl, V1= Volume tomado de HCl, N2= Normalidade do NaOH, V2= Volume de NaOH tomado na titulação e WT= Peso da amostra de solo).

B.3-2-5- Carbono orgânico (O.C %)

O carbono orgânico foi determinado utilizando o método de titulação rápida de Walkely & Black de acordo com (Piper, 1950 e Ryan *et al.*, 2001). A um g de solo, foram adicionados 10 ml de solução de dicromato de potássio (dissolver 49,04 g de K$_2$ Cr$_2$ O7 seco em estufa num litro de água destilada) e 20 ml de H$_2$ SO$_4$ conc., agitados e deixados em repouso durante 30 minutos. Adicionaram-se cerca de 150 ml de água destilada e 10 ml de ácido ortofosfórico (H_3PO_4) e deixou-se arrefecer a mistura. Adicionaram-se cerca de 10 gotas de indicador difenilamino (dissolver 1,0 g de difenilamino em 100 ml de $H_2 SO_4$ conc.) e agitou-se. Efectuou-se a titulação com sulfato ferroso 1 N (dissolver 278,0 g de $FeSO_4 .7H_2 O$ e 10 ml de $H_2 SO_4$ conc. em 1 litro de água destilada), agitando o balão até ao aparecimento do ponto final da cor verde, e efectuou-se a leitura. Efectuou-se uma titulação em branco e efectuou-se a leitura para determinar a normalidade do sulfato ferroso. A titulação foi descrita pela seguinte equação:

$$O.\ C = \frac{(V1 - V2) \times 0.003}{WT} \times 100$$

Considerando que: (V1= Volume da solução de dicromato de potássio, V2= Volume de sulfato ferroso utilizado na titulação e WT= Peso da amostra de solo).

B.3-2-6- Catiões solúveis (Ca^{++} , Mg^{++} , Na^+ e K)$^+$

B.3-2-6-l- Ca^{++} e Mg^{++}

Foi determinado por titulação com Tetraacetato de Etileno Diamina 0,01 N (EDTA), 1 ml de extrato de solo foi colocado num balão, adicionou-se 1 ml de solução tampão (cloreto de amónio e hidróxido de amónio) e, em seguida, três gotas do indicador Erichrom black T. A titulação foi efectuada com EDTA até ao primeiro ponto final de cor azul (Ryan *et al.*, 2001). O equivalente em mililitros de Ca^{++} + Mg^{++} por litro foi calculado pela seguinte equação:

$$M\ eq.\ Ca^{++} + Mg^{++} / L = \frac{(V1 \times N \times 1000)}{VT} \times Dilution$$

Considerando que: (V1= Volume de EDTA tomado na titulação, VT= Volume tomado do extrato de solo e N= Normalidade do EDTA).

B.3-2-6-2- Cálcio Ca^{++}

O cálcio foi determinado por titulação com tetraacetato de etileno diamina 0,01 N (EDTA), 1 ml de extrato de solo foi colocado num balão, adicionou-se 1 ml de hidróxido de sódio 4 N (NaOH) e, em seguida, 0,01 g de indicador de meroxido (0,5 g de purpurato de amónio + 100 g de sulfato de potássio K$_2$ SO$_4$). A titulação foi efectuada com EDTA até ao primeiro ponto final de cor púrpura (Ryan *et al.*, 2001). Os equivalentes miliares de Ca^{++} e Mg^{++} por litro foram calculados pela seguinte equação;

$$\text{M eq. Ca}^{++}/\text{L} = \frac{(V1 \times N \times 1000)}{VT} \times \text{Dilution}$$

Considerando que: (V1= Volume de EDTA tomado na titulação, VT= Volume tomado do extrato de solo, N= Normalidade do EDTA).

Em seguida, o equivalente em miligrama de Mg^{++} por litro foi calculado pela seguinte equação:

$$\text{M eq. Mg}^{++}/\text{L} = (\text{M eq. Ca}^{++} + \text{Mg}^{++}/\text{L}) - \text{M eq. Ca}^{++}/\text{L}$$

B.3-2-6-3- Sódio Na$^+$

O sódio foi determinado pela técnica do fotómetro de chama. Foi efectuada uma série de NaCl de (10 a 100) ppm para calibrar o aparelho e foi feita uma curva padrão de Na$^+$ utilizando uma solução de NaCl. Em seguida, determinou-se o Na$^+$ no aparelho e, depois, determinou-se o PPM a partir da curva padrão de Na^+ (Jackson, 1962 e Ryan *et al.*, 2001). O equivalente em miligrama de Na^+ foi calculado de acordo com a seguinte equação:

$$\text{M eq. } Na^+ / L = \frac{(PPM)}{\text{Equivalent weight of } Na^+} \times \frac{\text{Dilution}}{VT}$$

Considerando que: (PPM= Leitura da curva-padrão de Na^+ , VT= Volume tomado do extrato).

B.3-2-6-4- Potássio K^+

O potássio foi determinado utilizando a técnica do fotómetro de chama. Uma série de KCl de (10 a 100) ppm foi perpetrada para calibrar o aparelho e a curva padrão de iões K^+ foi feita utilizando a solução de KCl. Em seguida, os iões K^+ foram determinados no aparelho para calcular o PPM a partir da curva padrão de K^+ , (Jackson, 1962 e Ryan *et al.*, 2001). O equivalente em mililitros de K^+ foi calculado de acordo com a seguinte equação:

$$\text{M eq. } K^+ / L = \frac{(PPM)}{\text{Equivalent weight of } K^+} \times \frac{\text{Dilution}}{VT}$$

Considerando que: (PPM= Leitura da curva-padrão de K^+ , VT= Volume tomado do extrato).

B.3-2-7- Aniões solúveis (Cl^-, SO_4)$^-$

B.3-2-7-l- Cloretos Cl^-

A estimativa dos cloretos no extrato de solo foi efectuada por métodos de titulação. Colocou-se 1 ml de extrato de solo num frasco cónico. Adicionaram-se algumas gotas de indicador cromato de potássio a 5% e, em seguida, procedeu-se à titulação com nitrato de prata 0,01 N até ao aparecimento da primeira cor castanha-avermelhada permanente (Ryan *et al.*, 2001). O equivalente em mililitros de cloretos por litro foi calculado pela seguinte equação:

$$M \text{ eq. } Cl^{-} / L = \frac{(V1 \times N \times 1000)}{VT}$$

Considerando que: V1= Volume de AgNO3 tomado na titulação, VT= Volume tomado do extrato de solo e N= Normalidade do AgNO3).

B.3-2-7-2- Sulfatos SO4

Os sulfatos foram estimados gravimetricamente utilizando cloreto de bário a 5% $BaCl_2$ foram inflamados numa mufla a (700 - 800º C). Neste método, o sulfato foi precipitado como sulfatos de bário e

medido por espetrofotómetro na transmitância ao comprimento de onda de 420 nm. Foi efectuada uma curva padrão de SO_4^{--} utilizando uma série de soluções de Na2 SO4 de (5 ppm a 100 ppm). Transferiu-se uma porção de 20 ml do filtrado para um balão de 100 ml. Adicionaram-se à amostra 10 ml de solução de sal ácido (200 ml de álcool etílico + 100 ml de glicerol + 60 ml de HCl conc.) e adicionaram-se cristais de $BaCl_2 .2H_2 O$. A solução resultante foi deixada precipitar os sulfatos de bário e a transmitância foi medida com referência ao branco por um espetrofotómetro de transmitância no comprimento de onda de 420 nm. A partir de uma curva padrão de sulfatos, a concentração de sulfato foi calculada de acordo com a seguinte equação (Tandon, 1991).

$$M\ eq.\ SO_4^{-}/L = \frac{(PPM)}{Equivalent\ weight\ of\ SO_4^{--}} \times \frac{Dilution}{VT}$$

Considerando que: (PPM= Leitura da curva-padrão de SO_4, VT= Volume tomado do extrato).

C. Dados metrológicos

As normais climáticas foram obtidas do Departamento Meteorológico das Estações do Centro de Investigação do Deserto, do laboratório central para o clima (Ministério da Agricultura) e da Autoridade Meteorológica Internacional do Egito, para os anos 2001-2005.

CAPÍTULO 7

Resultados

1. Xerófitas

1.1. *Cornulaca monacantha* Delile, Descr.

1.1.1. Caraterísticas morfológicas

1.1.1.1. Altura

O quadro (1) mostra que a altura da planta teve um valor médio mais baixo (6 cm) registado no local a 10 km a sul de Umm Sheihan e o valor médio mais alto (91 cm) foi registado no local a 45 km de El Tor-Sharm El Sheikh.

1.1.1.2. Ramos principais

O quadro (1) mostra que os ramos principais tiveram um número médio mais baixo (um) registado no local a 20 km a sul de El Gora e a 10 km a sul de Umm Sheihan e o número médio mais elevado (23) foi registado no local a 45 km de El Tor-Sharm El Sheikh.

1.1.1.3. Ramos laterais

O quadro (1) mostra que o número médio mais baixo de ramos laterais (9) foi registado no local a 2 km a norte de Umm Sheihan, a 10 km a sul de Umm Sheihan e a 40 km da estrada de El Gifgafa e o número médio mais elevado (2500) foi registado no local a 45 km de El Tor- Sharm El Sheikh.

1.1.1.4. número de folhas

O quadro (1) mostra que o número médio mais baixo de folhas espinhosas (68) foi registado no local da estrada de 40 km El Gifgafa e o número médio mais elevado (6348) foi registado no local do protetorado de Ras Mohammed.

1.1.1.5. Comprimento da folha

O quadro (1) mostra que o comprimento da folha teve o valor médio mais baixo (2,89 mm) no local a 2 km a sul de Umm Sheihan e o valor médio mais alto (4,15 mm) no local a 10 km a sul de Umm Sheihan.

1.1.1.6. Área foliar

O quadro (1) mostra que a área foliar teve o valor médio mais baixo (6,17 cm^2) no local a 10 km a sul de Umm Sheihan e o valor médio mais elevado (10,29 cm^2) no local a 20 km a norte de El Gora.

1.1.1.7. Números de flores

O quadro (1) mostra que o número de flores com a média mais baixa (864) foi registado no local a 10 km a sul de Umm Sheihan e a média mais alta (7445) foi registada no local a 45 km de El Tor-Sharm El Sheikh.

1.1.1.8. Botões florais

O quadro (1) mostra que o valor médio mais baixo dos botões florais (241) foi registado no local a 10 km a sul de Umm Sheihan e o valor médio mais elevado (1234) foi registado no local do protetorado de Ras Mohammed.

1.1.1.9. Cobertura da coroa

O quadro (1) mostra que o coberto arbóreo teve o valor médio mais baixo (6,8 cm^2) no local da estrada de 40 km de El Gifgafa e o valor médio mais elevado (45 cm^2) no local do protetorado de Ras Mohammed.

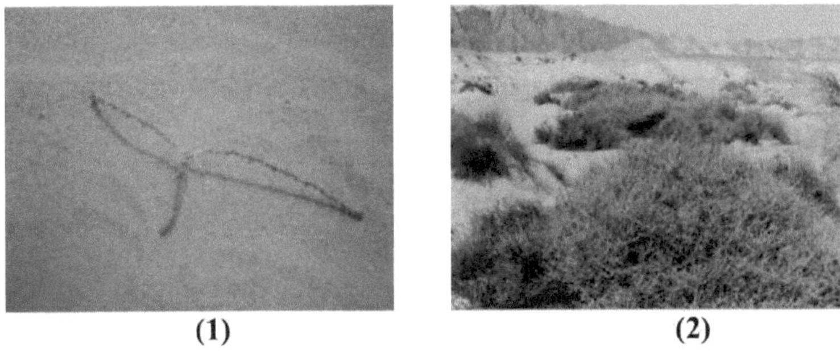

(1)   (2)

Foto (1): Plântula de *C. monacantha*, no sítio de 20 km a sul das dunas de El Gora, no Norte do Sinai.

Foto (2): Uma comunidade de *C. monacantha* e espécies associadas no sítio do protetorado de Ras Mohammed, no Sul do Sinai.

(3)   (4)

Foto (3): Vista de perto de *C. monacantha*, mostrando os seus frutos peludos e espinhosos no sítio de 20 km a sul da areia de El Gora dunas, Norte do Sinai.

Foto (4): Vista de perto de *C. monacantha*, mostrando as suas folhas espinhosas no sítio de 20 km a sul das dunas de El Gora, Norte do Sinai.

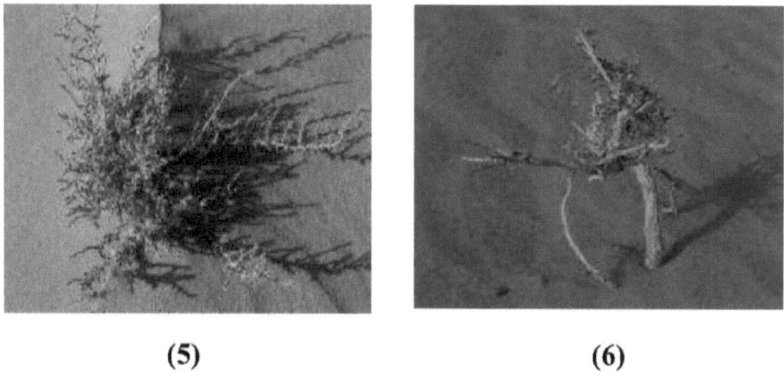

(5)   (6)

Foto (5): Um pequeno montículo de *C. monacantha* crescendo no sítio de 20 km ao sul das dunas de areia de El Gora, no norte do Sinai.

Foto (6): Um indivíduo de *C. monacantha* crescendo no sítio de 10 km a sul de Umm Sheihan, Sinai do Norte.

1.1.2. Caraterísticas anatómicas

A fotografia (7) mostra o tecido interno do caule jovem assimilador de *C. monacantha*. Isto revelou que a epiderme é constituída por uma fila única de células compactas cobertas por uma cutícula espessa. O córtex é constituído por uma hipoderme de uma camada de células de parênquima de paredes finas que contêm algumas drusas (composto químico). Abaixo da hipoderme, há duas camadas de células paliçadas seguidas por uma camada de clorênquima. Os elementos vasculares formam um anel contínuo de feixes vasculares, separados por duas ou três filas estreitas de raios medulares. A zona do câmbio é constituída por três ou quatro camadas. O centro do caule é ocupado por uma medula larga. Os tubos de látex estão distribuídos dentro das células do parênquima.

Por outro lado, as células epidérmicas adaxiais e abaxiais da folha espinhosa de *C. monacantha* são cobertas por camadas espessas de cutícula. As duas camadas epidérmicas são seguidas por células de clorênquima. O tecido do solo é constituído principalmente por células de parênquima. Além disso, este tecido ocorre tanto na face adaxial como na face abaxial. Os feixes vasculares bicolaterais constituem as nervuras centrais e as nervuras principais da folha, enquanto os feixes vasculares colaterais constituem as nervuras secundárias. O tecido do solo é composto por parênquima esponjoso que se compacta com uma proporção muito baixa de espaços de ar e contém drusas (composto químico) Foto (8).

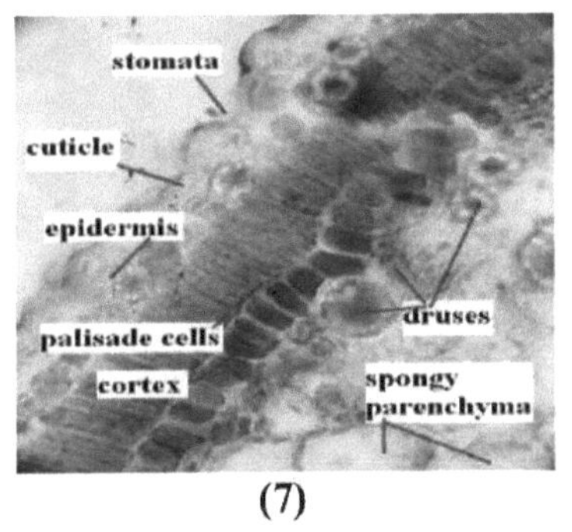

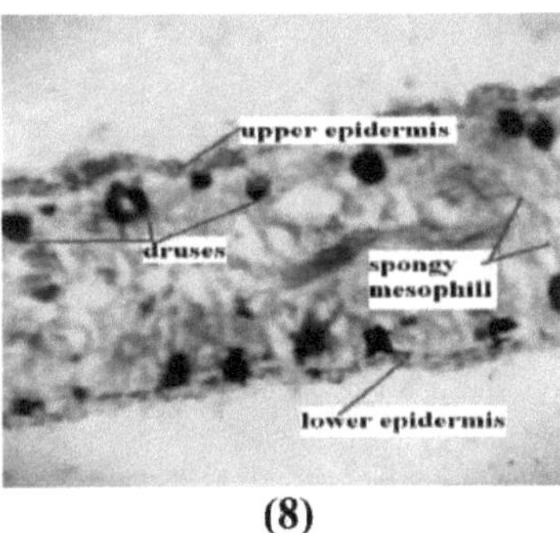

Foto (7): S.T. no caule de *C. monacantha*, crescendo no Sinai Península. Ampliação 160 X.

Foto (8): S.T. em folha espinhosa de *C. monacantha*, crescendo na Península do Sinai . Ampliação 160 X.

1.1.3. Fenologia

A fase de floração da *C. monacantha* ocorreu no período entre o final de agosto e o final de outubro, durante um período de cerca de três meses; a fase de frutificação estendeu-se desde o início de novembro até ao final de fevereiro, durante um período de cerca de quatro meses, como mostra a figura (6). A dispersão das sementes ocorreu entre março e junho. O crescimento vegetativo desta espécie estendeu-se por um período de cinco meses, desde o final de junho até ao final de agosto.

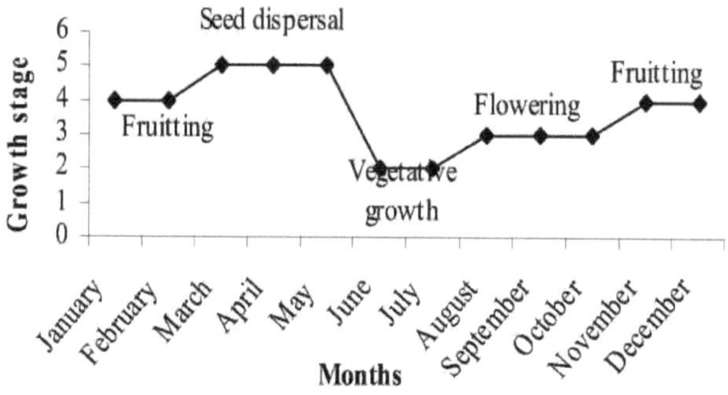

Figura (6): Fases fenológicas da *C. monacantha* que cresce na Península do Sinai

1.1.4. Caraterísticas ecológicas

1.1.4.1. Composição florística

A composição florística da comunidade dominada por *C. monacantha* incluiu vinte e sete espécies pertencentes a dezassete famílias. As famílias mais caraterísticas foram Poaceae (11,1%), representada por três espécies (*Panicum turgidum, Stipagrostis plumosa* e *Stipagrostis scoparia*), Zygophyllaceae (11,1%), representada por três espécies (*Fagonia arabica, Fagonia mollis* e *Zygophyllum album*) e Chenopodiaceae (11.1%), representada por três espécies (*C. monacantha, Noaea mucronata* e *Haloxylon salicornicum*) e Boraginaceae foi (11,1%), representada também por três espécies (*Echiochilon fruticosum, Heliotropium arabinense* e *Moltkiopsis ciliate*). Fabaceae foi de (7,4%), representada por duas espécies (*Acacia tortilis* e *R. raetam*) e Cistaceae foi (7,4%) representada por duas espécies (*Helianthmum lippii* e *Cistanke tubulosa*). As restantes famílias (Asclepiadaceae, Lamiaceae, Thymelaceae, Apiaceae, Asteraceae, Amaryllidaceae, Convolvulaceae, Caryophyllaceae, Cleomelaceae e Polygonaceae) foram (40,7%), cada família representada por apenas uma espécie (Figura 7).

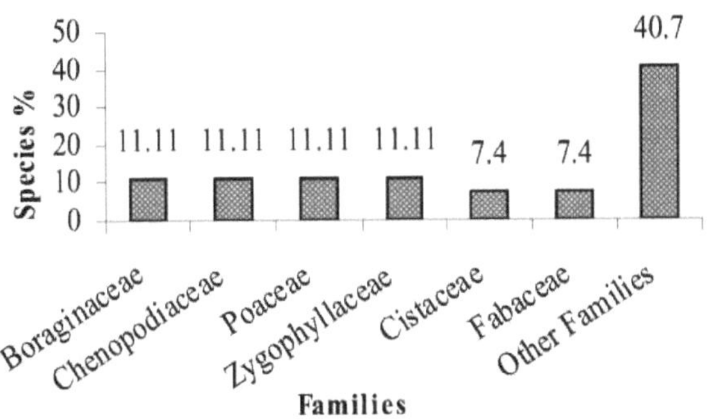

Figura (7): O histograma mostra as famílias de espécies associadas a *C. monacantha*, Península do Sinai.

1.1.4.2. Forma de vida

As espécies registadas associadas a *C. monacantha* pertenciam a quatro formas de vida diferentes. A forma de vida dominante foi a Chamaephyta. Foi registada (55,56%) e representada por quinze espécies, das quais *Zygophyllum album, Artemisia monosperma, Convolvulus lanatus, Fagonia mollis, Helianthemum lippii, Deverra tortusa, Gymnocarpos decander* e *Haloxylon salicornicum*. O fanerófito foi (18,52%) e representado por cinco espécies, nomeadamente *Acacia tortilis, Tamarix aphylla, R. raetam, Thymelaea hirsuta* e *Calligonum comosum*. A hemicriptófita foi de (14,81%) e representada por quatro espécies, nomeadamente: *Stipagrostis scoparia, Stipagrostis plumosa, Citrullus colocynthis* e *Panicum turgidum*. A percentagem de terófitos foi de (11,11%) e foi representada por três espécies de *C. monacantha*, nomeadamente *Cistanke tubulosa, Cleome amblyocarpa* e *Pancratium sikenbergiana* (Figura 8).

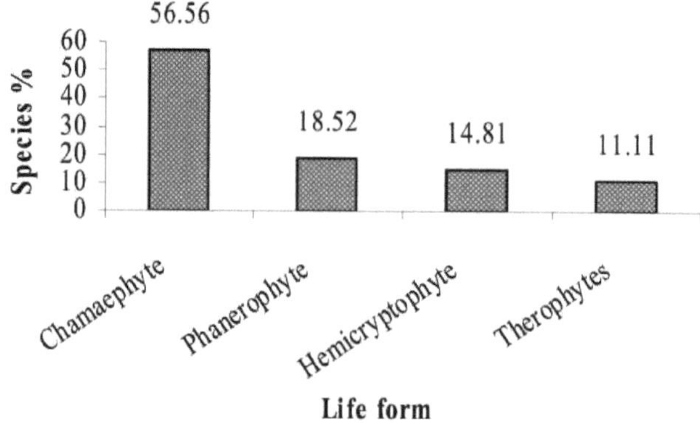

Figura (8): O histograma mostra a forma de vida das espécies associadas a *C. monacantha*, na Península do Sinai.

1.1.4.3. Corologia

Os elementos monoregionais foram representados (70,4%) por dezanove espécies. Destas, dezasseis espécies eram saharo-árabes, duas eram sudanesas e uma espécie irano-turca. **Os elementos birregionais** foram representados por sete espécies (25,9%). Destas, três espécies para cada uma das regiões do Sara Ocidental e do Sudão e duas espécies para cada uma das regiões do Irano-Turaniano, do Sara Ocidental e do Mediterrâneo, do Sara Ocidental. **Os elementos pluri-regionais** foram (3,7%) representados por uma espécie para a região mediterrânica, irano-turaniana e sarau-árabe (figura 9).

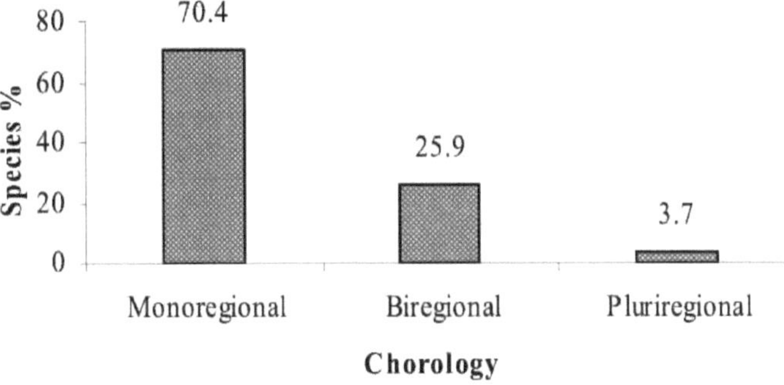

Figura (9): O histograma mostra a corologia das espécies associadas a *C. monacantha*, na Península do Sinai.

1.1.4.4. Análise da vegetação

A análise da vegetação da comunidade dominada por *C. monacantha* baseou-se no valor de presença. A tabela (2) mostra que a planta dominante foi *C. monacantha* com um valor de presença mais elevado (P= 100%) e mais elevado (IV = 113,6). A espécie codominante foi *Convolvulus lanatus* (IV= 24,9 e P= 66,7%). As espécies abundantes foram *Zygophyllum album*, *Panicum turgidum*, *Moltkiopsis ciliata* com valor de presença P= 50% e IVs= 29.4, 17 e 16.2 respetivamente. As espécies muito comuns foram *Fagonia Arabica*, *Acacia tortilis*, *Haloxylon salicornicum*, *Deverra tortusa*, *Thymelaea hirsuta* e *Artemisia monosperma* com um valor de presença P= 33,3% e IVs= 10,2, 6,12, 6,12, 4,39, 4,36 e 2,99, respetivamente. Vinte espécies foram comuns; estas espécies, nomeadamente: - *L.*

pyrotechnica, Stipagrostis plumosa, R. raetam, Noaea mucronata, Stipagrostis scoparia, Calligonum comosum,

Heliotropium arabinense, Fagonia mollis, Helianthmum lippii, Salvia lanigra, Gymnocarpos decander e *Echiochilonfruticosum* com valor de presença P= 16.7% e IVs= 19.3, 10.9, 15, 5.74, 2.56, 2.1, 1.44, 1.42, 1.1, 1.1, 1.1, 1.08, e 0.89 respetivamente. As espécies anuais registadas foram *Cistanke tubulosa, Cleome amblyocarpa* e *Pancratium sikenbergiana.*

1.1.5. Propriedades do solo

1.1.5.1. Propriedades físicas

1.1.5.1.1. Textura do solo

Os resultados da análise mecânica do solo (Quadro 3) mostram que o solo que suporta o crescimento de *C. monacantha* é arenoso. A percentagem da **fração de areia** (areia grossa, média e fina) variou entre 93,3% no sítio a 2 km a norte de Umm Sheihan e 56,7% no sítio a 45 km de El Tor-Sharm El Sheikh. O valor médio mais elevado (20,9%) de **areia grossa** foi registado no local a 10 km a sul de Umm Sheihan, enquanto o valor médio mais baixo (1,0%) foi registado no local a 20 km a sul de El Gora. O valor médio mais elevado (52,7%) de **areia média** foi registado no local a 2 km a norte de Umm Sheihan, enquanto o seu valor médio mais baixo (19,4%) foi registado no local a 45 km de El Tor-Sharm El Sheikh. O valor médio mais elevado (60,5%) de **areia fina** foi registado no sítio a 20 km a sul de El Gora, enquanto o seu valor médio mais baixo (19,8%) foi registado no sítio a 2 km a norte de Umm Sheihan. **O silte e a argila** atingiram um valor médio mais elevado (20,3%) na camada subsuperficial (20-40 cm) no local a 40 km da estrada de El Gifgafa, enquanto o seu valor médio mais baixo (6,7%) foi registado na camada subsuperficial (20-40 cm) no local a 2 km a norte de Umm Sheihan. A partir dos resultados acima referidos, o solo era de textura grosseira com muito pouca quantidade de silte e argila.

1.1.5.1.2. Teor de humidade (M.C %)

Os resultados apresentados no Quadro 3 mostram que a humidade do solo teve o valor médio mais elevado (2,29%) na camada superficial (0-20 cm) no local a 2 km a norte de Umm Sheihan, enquanto o valor médio mais baixo (0,35%) foi registado nas camadas subsuperficiais (20-40) no local do Protetorado de Ras Mohammed na estação das chuvas. Na estação seca, o valor médio mais elevado (0,55%) foi registado na camada subsuperficial (20-40 cm) no sítio a 45 km de El Tor-Sharm El Sheikh, enquanto o valor médio mais baixo (0,07%) foi registado nas camadas superficial e subsuperficial (20-40) no sítio a 40 km da estrada de El Gifgafa.

1.1.5.2. Propriedades químicas

1.1.5.2.1. Reação do solo (pH)

O quadro (3) mostra que a reação do solo teve um valor médio mais elevado (8,46) na camada subsuperficial (20-40 cm) no local 20 km a sul de El Gora, enquanto o valor médio mais baixo (7,26) foi registado na camada superficial (0-20 cm) no local 2 km a norte de Umm Sheihan.

1.1.5.2.2. Condutividade eléctrica (C.E.)

A Tabela (3) mostra que a condutividade eléctrica do solo que suporta o crescimento de *C. monacantha* atingiu o seu valor médio mais elevado (1,1 ds^{-1}/cm) foi registado na camada superficial (0-20 cm) no local do Protetorado de Ras Mohammed, enquanto o seu valor médio mais baixo (0.15 ds^{-1} / cm) foi registado na camada superficial (0-20 cm) no local de 40 km da estrada de El Gifgafa e na camada subsuperficial (20-40 cm) no local de 20 km a sul de El Gora...

1.1.5.2.3. Aniões solúveis em água (C1$^\wedge$ e so4$^{\wedge\wedge}$)

Como se pode ver no Quadro 3, a concentração média mais elevada (5,7 meq/L) de iões **cloreto** solúveis foi registada na camada subsuperficial (20-40 cm) no local a 10 km a sul de Umm Sheihan, enquanto o valor médio mais baixo (0,07 meq/L) foi registado na camada superficial (0-20 cm) no local a 40 km da estrada de El Gifgafa. Os iões de **sulfatos** solúveis atingiram o seu valor médio mais elevado (24,6 meq/L) na camada subsuperficial (20-40 cm) no local a 10 km a sul de Umm Sheihan, enquanto o seu valor médio mais baixo (1,25 meq/L) foi registado na camada superficial (0-20 cm) no local a 40 km da estrada de El Gifgafa.

1.1.5.2.4. Catiões solúveis em água (Ca^{++}, Mg^{++}, Na^{+} e K)$^{+}$

Os iões de cálcio solúveis no solo de *C. monacantha* atingiram o seu valor médio mais elevado (7,0 meq/L) na camada superficial (0-20 cm) no local do Protetorado de Ras Mohammed, enquanto o seu valor médio mais baixo (1,5 meq/L) foi registado na camada superficial (020 cm) no local da estrada de 40 km El Gifgafa. Os iões **de magnésio** atingiram o seu valor médio mais elevado (6 meq/L) na camada superficial (0-20 cm) no local de 45 km de El Tor-Sharm El Sheikh, enquanto o seu valor médio mais baixo (0,5 meq/L) foi registado na camada superficial (0-20 cm) nos locais de 2 km a norte de Umm Sheihan e 10 km a sul de Umm Sheihan, bem como na camada subsuperficial (20-40) nos locais de 2 km a norte de Umm Sheihan e 40 km da estrada de El Gifgafa. **O ião sódio** é o principal catião solúvel no solo que suporta o crescimento de *C. monacantha* e atingiu o seu valor médio mais elevado (13,9 meq/L) na camada subsuperficial (20-40 cm) no local de 10 km a sul de Umm Sheihan como valor mais elevado, enquanto o seu valor médio mais baixo (0,78 meq/L) foi registado na camada superficial (0-20 cm) no local de 40 km da estrada de El Gifgafa. A concentração de iões **de potássio** teve o valor médio mais elevado (4,36 meq/L) na camada superficial (0-20 cm) no local do Protetorado de Ras Mohammed, enquanto o seu valor médio mais baixo (0,13 meq/L) foi registado na camada subsuperficial (2040 cm) no local a 10 km a sul de Umm Sheihan (Quadro 3)

1.1.5.2.5. Carbonato de cálcio (CaCO$_3$ %)

A C. monacantha cresce em solos com uma percentagem média de carbonato de cálcio. O valor médio mais elevado (36%) foi registado na camada superficial (0-20 cm) no local a 10 km a sul de Umm Sheihan, enquanto o valor médio mais baixo (1,0%) foi registado na camada subsuperficial (20-40 cm) no local a 40 km da estrada de El Gifgafa (Quadro 3).

1.1.5.2.6. Carbono orgânico (O.C %)

O solo que suporta o crescimento da planta *C. monacantha* era muito pobre em conteúdo de carbono orgânico. A percentagem de carbono orgânico atingiu (0,09%) como valor médio mais elevado registado na camada subsuperficial (20-40) no local da estrada de 40 km El Gifgafa, enquanto o seu valor médio mais baixo (0,04%) foi registado na subsuperfície (20-40 cm) nos locais do Protetorado de Ras

Mohammed e 45 km El Tor-Sharm El Sheikh (Quadro 3).

1.1.6. Valores nutritivos das plantas

1.1.6.1. Percentagem de cinzas

O quadro (4) mostra que o valor médio mais elevado durante a estação húmida (27%) foi registado no local a 10 km a sul de Umm Sheihan, enquanto o valor médio mais baixo (10%) foi registado no local a 2 km a norte de Umm Sheihan. Na estação seca, o valor médio mais elevado (30%) foi registado no local a 20 km a sul de El Gora, enquanto o valor médio mais baixo (18%) foi registado no local a 45 km de El Tor-Sharm El Sheikh.

1.1.6.2. Fibra bruta (C.F %)

O quadro (4) mostra que o valor médio mais elevado de fibra bruta na planta durante a estação húmida (20,5%) foi registado no local a 20 km a sul de El Gora, enquanto o valor médio mais baixo (12%) foi registado no local a 45 km de El Tor-Sharm El Sheikh. Na estação seca, o valor médio mais elevado (26%) foi registado no local a 20 km a sul de El Gora, enquanto o valor médio mais baixo (15,5%) foi registado no local a 45 km de El Tor-Sharm El Sheikh.

1.1.6.3. Suculência %

A suculência das partes das plantas é normalmente influenciada pela quantidade de água disponível no solo. O quadro (4) mostra que o valor médio mais elevado durante a estação húmida (18,2%) foi registado no local a 2 km a norte de Umm Sheihan, enquanto o valor médio mais baixo (7,18%) foi registado no local a 10 km a sul de Umm Sheihan. Na estação seca, o valor médio mais elevado (23,1%) foi registado no local a 2 km a norte de Umm Sheihan, enquanto o valor médio mais baixo (6,97%) foi registado no local a 45 km de El Tor-Sharm El Sheikh.

1.1.6.4. Azoto total (T.N %)

O azoto total foi a variável mais importante que mostra o valor nutritivo das espécies propostas. O quadro (4) mostra que o valor médio mais elevado durante a estação húmida (5,42%) foi registado nos locais de 20 km a sul de El Gora, 2 km a norte de Umm Sheihan, 10 km a sul de Umm Sheihan e 45 km de El Tor-Sharm El Sheikh, enquanto o valor médio mais baixo (5,14%) foi registado no local do Protetorado de Ras Mohammed. Na estação seca, o valor médio mais elevado (5,42%) foi registado no local a 2 km a norte de Umm Sheihan, enquanto o valor médio mais baixo (5,1%) foi registado no local do Protetorado de Ras Mohammed.

1.1.6.5. Proteína bruta (C.P %)

O quadro (4) mostra que o valor médio mais elevado (33,9%) em plantas durante a estação húmida foi registado nos locais de 20 km a sul de El Gora, 2 km a norte de Umm Sheihan, 10 km a sul de Umm Sheihan e 45 km de El Tor-Sharm El Sheikh, enquanto o valor médio mais baixo (32,13%) foi registado no local do Protetorado de Ras Mohammed. Na estação seca, o valor médio mais elevado (33,9%) foi registado no local a 2 km a norte de Umm Sheihan, enquanto o valor médio mais baixo (31,88%) foi registado no local do Protetorado de Ras Mohammed.

1.1.6.6. Proteína bruta digestível (D.C.P %)

O quadro (4) mostra que o valor médio mais elevado (28%) detectado na utilização das partes pastáveis de *C. monacantha* durante a estação húmida foi registado nos locais de 20 km a sul de El Gora, 2 km a norte de Umm Sheihan, 10 km a sul de Umm Sheihan e 45 km de El Tor-Sharm El Sheikh. O valor médio mais baixo (26,4%) foi registado no local do Protetorado de Ras Mohammed. Na estação seca, o valor médio mais elevado (28%) foi registado no local a 2 km a norte de Umm Sheihan, enquanto o valor médio mais baixo (26,1%) foi registado no local do Protetorado de Ras Mohammed.

1.1.6.7. Azoto digestível total (T.D.N %)

O quadro (4) mostra que o valor médio mais elevado (75,8%) detectado na utilização da parte pastável de *C. monacantha* durante a estação húmida foi registado no local a 45 km de El Tor-Sharm El Sheikh, enquanto o valor médio mais baixo (72%) foi registado no local a 40 km da estrada de El Gifgafa. Na estação seca, o valor médio mais elevado (74,1%) foi registado no sítio a 45 km de El Tor-Sharm El Sheikh, enquanto o valor médio mais baixo (72%) foi registado no Protetorado de Ras Mohammed.

Tabela (1): Valores médios dos parâmetros morfológicos de *C. monacantha* crescendo nos locais estudados.

Morphological measurements	Season	20 km south El Gora	2 km north Umm Sheihan	10 km South Umm Sheihan	40 km El Gifgafa road	Ras Mohammed Protectorate	45 km El Tor-Sharm El Sheikh
Height (cm)	Wet	17	28	6	26	75	73
	Dry	23	32	8	31	90	91
No. of main branch/plant	Wet	1	2	1	2	12	14
	Dry	1	2	1	2	19	23
No. of lateral branch/plant	Wet	40	9	9	9	1598	1355
	Dry	56	15	16	17	2121	2500
No. of leaves/plant	Wet	306	676	321	68	4279	2567
	Dry	473	1018	697	171	6348	5630
No. of flower buds/plant	Wet	00	00	00	00	00	00
	Dry	247	563	241	259	1234	1226
No. of flowers/plant	Wet	00	00	00	00	00	00
	Dry	1025	1628	864	1064	3553	7445
Crown cover (cm^2)	Wet	8.2	7.6	7.2	6.8	41	43
	Dry	9.6	7.8	7.3	9.2	45	43
Leaf length (mm)	Wet	3.13	2.89	2.93	3.1	3.7	3.67
	Dry	4.15	3.52	3.98	3.63	3.76	3.87
Leaf area (mm^2)	Wet	9.17	7.17	6.17	8.5	7.5	7.52
	Dry	10.29	8.6	7.57	9.7	7.68	8.72

Tabela (2): Valor de importância (em 300) e presença (P %) das espécies associadas a *C. monacantha*.

Considerando que: (1= 20 km a sul de El Gora; 2= 2 km a norte de Umm Sheihan; 3= 10 km a sul de Umm Sheihan; 4= 40 km da estrada de El Gifgafa; 5= Protetorado de Ras Mohammed e 6= 45 km de El Tor-Sharm El Sheikh). P% = Percentagem de presença, XIV = Média do valor de importância e Presença de espécies anuais (+ = raras, ++ = comuns).

No	Species	Site No						XIV	P %
		1	2	3	4	5	6		
	A) Dominant species								
1	*Cornulaca monacantha*	94.81	130.7	89.7	163.8	87.5	115.3	113.6	100
	B) Associate Sp. **(1-Perrenials)**								
2	*Acacia tortilis*	-	-	-	-	30.4	6.3	6.12	33.3
3	*Artemisia monosperma*	8.41	9.53	-	-	-	-	2.99	33.3
4	*Calligonum comosum*	-	-	-	-	-	12.34	2.1	16.7
5	*Citrullus colocynthis*	-	-	-	-	-	12.44	2.1	16.7
6	*Convolvulus lanatus*	22.84	34.9	40.37	51.4	-	-	24.9	66.7
7	*Deverra tortusa*	9.77	-	16.56	-	-	-	4.39	33.3
8	*Echiochilon fruticosum*	5.27	-	-	-	-	-	0.89	16.7
9	*Fagonia arabica*	-	-	19.3	-	-	41.6	10.2	33.3
10	*Fagonia mollis*	8.53	-	-	-	-	-	1.42	16.7
11	*Gymnocarpos decander*	6.48	-	-	-	-	-	1.08	16.7
12	*Haloxylon salicornicum*	-	-	13.25	-	-	23.47	6.12	33.3
13	*Helianthmum lippii*	-	-	6.61	-	-	-	1.1	16.7

14	*Heliotropium arabinense*	-	8.64	-	-	-	-	1.44	16.7
15	*Leptadenia pyrotechnica*	-	-	-	-	115.8	-	19.3	16.7
16	*Moltkiopsis ciliata*	25.41	28.3	-	42.77	-	-	16.2	50
17	*Noaea mucronata*	34.46	-	-	-	-	-	5.74	16.7
18	*Panicum turgidum*	52.11	-	7.8	42.1	-	-	17	50
19	*Retama raetam*	-	-	90.1	-	-	-	15	16.7
20	*Salvia lanigra*	-	-	6.61	-	-	-	1.1	16.7
21	*Stipagrostis plumosa*	-	-	-	-	-	65.39	10.9	16.7
22	*Stipagrostis scoparia*	15.05	-	-	-	-	-	2.56	16.7
23	*Thymelaea hirsuta*	16.41	-	9.73	-	-	-	4.36	33.3
24	*Zygophyllum album*	-	87.5	-	-	66.4	22.53	29.4	50
	(2-Annuals)								
25	*Cistanke tubulosa*	-	-	-	-	-	++		
26	*Cleome amblyocarpa*	++	-	-	-	-	-		
27	*Pancratium sikenbergiana*	++	+	-	-	-	-		

Tabela (3): Valores médios das propriedades do solo que suportam o crescimento de *C. monacantha* em diferentes locais. Considerando que: (G= Cascalho, F.G= Cascalho fino, C.S= Areia grossa, M.S= Areia média, F.S= Areia fina, E.C= Coductividade eléctrica e O.C= Carbono orgânico).

Site	Profile depth (cm)	Physical properties									Moisture %		pH	E.C ds^{-1}/ cm	Chemical properties						Ca CO$_3$ %	O.C %
		Soil fraction %													Cation and Anion (meq/L)							
		G	F.G	C.S	M.S	F.S	Silt	Clay	Texture	Wet	Dry			Na$^+$	K$^+$	Ca^{++}	Mg^{++}	Cl$^-$	SO$_4^-$		
20 km south El Gora	0 - 20	0	0	1	30.4	60.5	3.9	4.2	Sandy	0.98	0.17	7.61		1.5	0.33	2.5	1	1.5	4	4	0.06
	20 -40	0	0	1.4	45.8	38.1	5.5	9.2	Sandy	1.84	0.15	8.46	0.15	1.2	0.23	2	1	2	1.92	6	0.05
2 km north Umm Sheihan	0 - 20	0	0	20.6	52.2	19.8	3.1	4.3	Sandy	2.29	0.09	7.26	0.21	1.09	0.26	2.5	0.5	1.5	3.47	12	0.07
	20 -40	0	0	3.1	52.7	37.5	3	3.7	Sandy	1.21	0.14	7.62	0.24	1.26	0.23	4	0.5	2	5.29	12	0.05
10 km South Umm Sheihan	0 - 20	0	0	1.9	44.7	42.7	6.3	4.4	Sandy	1.44	0.42	7.87	0.27	2.04	0.15	2.5	0.5	1	4.12	4	0.06
	20 -40	0	6.6	20.9	36.9	26.6	4.4	4.6	Sandy	1.19	0.46	7.75	0.92	13.9	0.13	5	1	5.7	5.26	36	0.08
40 km El Gifgafa road	0 - 20	0	1.3	4.4	46.6	27.7	2.3	17.7	S.loam	0.57	0.07	7.63	0.15	0.78	0.28	1.5	1	0.7	1.25	8	0.06
	20 -40	0	0.8	5.9	43.6	29.4	8.1	12.2	L.sand	1.16	0.07	7.57	0.19	0.87	0.24	2	0.5	1.5	24.6	1	0.09
Ras Mohammed Protectorate	0 - 20	0	0.3	2.7	42.9	46.7	4.4	3	Sandy	0.42	0.15	6.93	1.1	3.04	4.36	7	2.5	6	8	8	0.07
	20 -40	3.8	4.1	5.3	33.6	44.4	3.4	5.4	Sandy	0.35	0.24	6.46	1	2.98	0.26	6.5	1.5	4	12	12	0.05
45 km El Tor-Sharm El Sheikh	0 - 20	10.4	13.3	13.6	24.1	26.6	11	0.91	Sandy	0.91	0.26	8.21	0.49	4.04	0.21	6	6	5	2.17	24	0.07
	20 -40	16.8	12.6	9.91	19.4	27.4	10.6	3.31	Sandy	1	0.55	7.91	0.18	1.83	0.26	3	4	1.7	10	27	0.04

Tabela (4): Valores nutritivos médios de *C. monacantha* crescendo em diferentes locais.

Site	Season	Ash %	Crude Fiber %	Succulence %	Nitrogen %	Crude Protein %	Digestible Crude Protein %	Total Digestible Nitrogen %
20 km south El Gora	Wet	15	20.5	11.2	5.42	33.9	28	72.6
	Dry	30	26	10.6	5.28	33	27.17	70.11
2 km north Umm Sheihan	Wet	10	18	18.2	5.42	33.9	28	73.6
	Dry	25	22	23.1	5.42	33.9	28	72
10 km South Umm Sheihan	Wet	27	17.5	7.17	5.42	33.9	28	72.7
	Dry	27	25	9.7	5.28	33	27.17	70.5
40 km El Gifgafa road	Wet	20	16	14.6	5.21	32.56	26.8	73.7
	Dry	25	22.5	15.9	5.14	32.13	26.4	71
Ras Mohammed Protectorate	Wet	15	20	10.6	5.14	32.13	26.4	72
	Dry	20	21.5	8.6	5.1	31.88	26.1	71.3
45 km El Tor-Sharm El Sheikh	Wet	12	12	8.9	5.42	33.9	28	75.8
	Dry	18	15.5	6.97	5.28	33	27.17	74.1

1.2. *Leptadenia pyrotechnica* (Forssk) Decne.

1.2.1. Caraterísticas morfológicas

1.2.1.1. Altura

O quadro (5) mostra que a altura dos arbustos teve um valor médio mais baixo (215 cm), registado no sítio de Wadi El Ghaeb. O valor médio mais elevado (379 cm) foi registado no sítio do Protetorado de Ras Mohammed.

1.2.1.2. Ramos principais

O quadro (5) mostra que os ramos principais tinham um número médio mais baixo (14), registado nos sítios de Wadi El Ghaeb e 9 km a sudoeste do Protetorado de Ras Mohammed. O número médio mais elevado (22) foi registado no local do Protetorado de Ras Mohammed.

1.2.1.3. Ramos laterais

O quadro (5) mostra que o número médio mais baixo de ramos laterais (190) foi registado no sítio de Wadi El Ghaeb. O número médio mais elevado (9065) foi registado no sítio do Protetorado de Ras Mohammed.

1.2.1.4. Números de flores

O quadro (5) mostra que o número de flores com um número médio mais baixo (1573) foi registado no sítio de Wadi El Ghaeb. O número médio mais elevado (2906) foi registado no local a 9 km a sudoeste do Protetorado de Ras Mohammed.

1.2.1.5. Botões florais

O quadro (5) mostra que o número médio mais baixo de botões florais (448) foi registado no local a 9 km a sudoeste do protetorado de Ras Mohammed. O número médio mais elevado (975) foi registado no local do protetorado de Ras Mohammed.

1.2.1.6. Número de frutos

O quadro (5) mostra que o número de frutos com um número médio mais baixo (zero) foi registado no sítio de Wadi El Ghaeb. O número médio mais elevado (170) foi registado no sítio do Protetorado de Ras Mohammed.

1.2.1.7. Cobertura da coroa

O quadro (5) mostra que o valor médio mais baixo da cobertura da copa (1 cm^2) foi registado no sítio de Wadi El Ghaeb. O valor médio mais elevado (3,65 cm^2) foi registado no sítio do protetorado de Ras Mohammed.

(9)   (10)

Foto (9): *L. pyrotechnica*, arbusto com altura atingida de 195 cm crescendo no leito do wadi no sítio de Wadi El Ghaeb.

Foto (10): Vista de perto de *L. pyrotechnica*, mostrando a sua flor, no sítio de 9 km a sudoeste de Ras Mohammed protetorado.

(11)   **(12)**

Foto (11): Comunidade pura de *L. pyrotechnica*, no sítio de 1 km a norte do protetorado de Ras Mohammed, Sinai do Sul.

Foto (12): Comunidade danificada e pastoreada de *L. pyrotechnica*, na duna de areia branca do protetorado de Ras Mohammed.

(13)

Foto (13): Vista de perto de *L. pyrotechnica*, mostrando os seus frutos, no local a 9 km a sudoeste do protetorado de Ras Mohammed.

1.2.2. Caraterísticas anatómicas

A fotografia (14) mostra o tecido interno do caule jovem assimilador de *L. pyrotechnica*. Revela-se que a epiderme é constituída por uma fila única de células compactas e permanece com cutícula. Os estomas afundados estão dispersos em depressões pouco profundas nas células epidérmicas. Sob os estomas, existe uma câmara estomática. O córtex é constituído pela hipoderme, que é composta por uma camada de células parenquimatosas de paredes finas. Abaixo da hipoderme, existem algumas camadas de clorênquima. Os elementos vasculares formam um anel contínuo de feixes vasculares, que são separados por uma fila estreita de raios medulares. O centro do caule é ocupado por uma medula larga.

Os tubos de látex estão distribuídos nas células do parênquima.

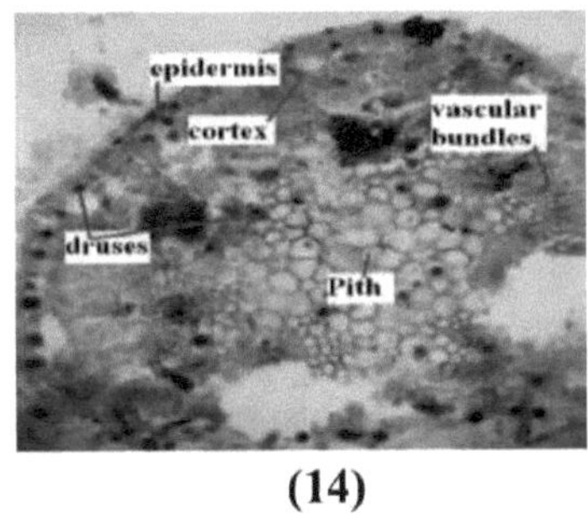

(14)

Foto (14): S.T. no caule de *L. pyrotechnica*, crescendo na Península do Sinai. Ampliação 160 X.

1.2.3. Fenologia

Como mostra a Figura 10, o crescimento vegetativo de L.

pyrotechnica estendeu-se ao longo de todo o ano, especialmente em setembro e outubro, enquanto a fase de floração começou no início de novembro até ao final de janeiro, com um período de cerca de três meses. A fase de frutificação estendeu-se de fevereiro até ao início de maio, por um período de cerca de quatro meses. A dispersão das sementes seguiu-se ao período de frutificação e estendeu-se desde o início de junho até ao início de agosto. Pode ocorrer alguma floração e frutificação acidentais nos meses de inverno.

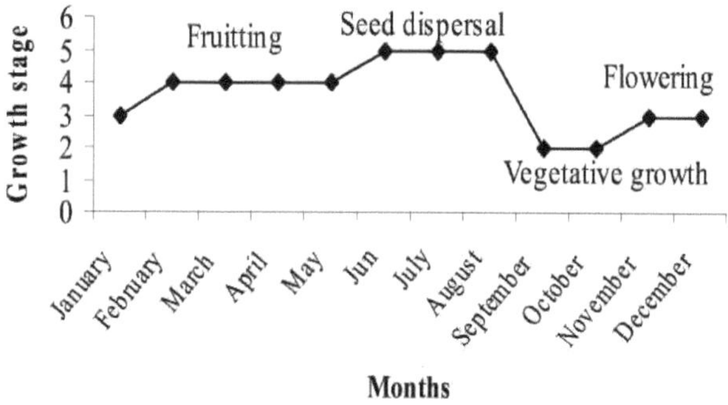

Figura (10): Fases fenológicas de *L. pyrotechnica* na Península do Sinai.

1.2.4. Caraterísticas ecológicas

1.2.4.1. Composição florística

A composição florística da comunidade dominada por *L. pyrotechnica* inclui doze espécies pertencentes a nove famílias. As famílias mais caraterísticas foram Chenopodiaceae, Fabaceae e Zygophyllaceae. Cada uma delas foi (16,67%) representada por duas espécies. As restantes famílias (Asteraceae, Asclepiadaceae, Brassicaceae, Cucurbitaceae, Resedaceae e Amaranthaceae) foram

(49,98%) representadas por uma espécie (Figura 11).

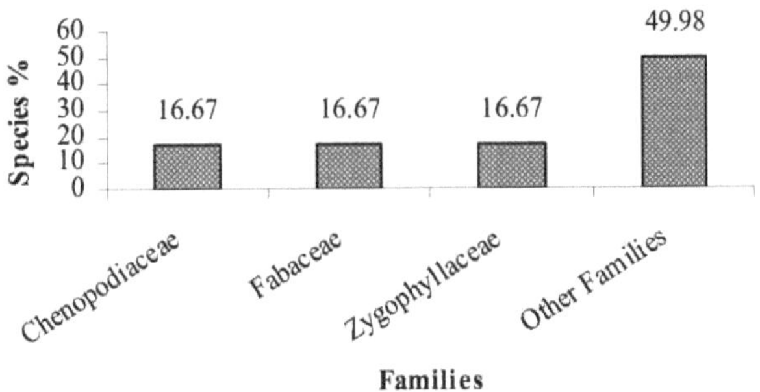

Figura (11): O histograma mostra as famílias de espécies associadas a *L. pyrotechnica*, na Península do Sinai.

1.2.4.2. Forma de vida

As espécies associadas a *L. pyrotechnica* pertencem a três formas de vida diferentes. Chamaephyte foi a principal forma de vida registada (58,3%). É representada por sete espécies, nomeadamente *Zygophyllum album, Aerva javanica, Zilla spinosa, Anabasis setifera, Artemisia judaica, C. monacantha* e *Fagonia mollis*. Registaram-se fanerófitos (33,3%) representados por quatro espécies, nomeadamente: *L. pyrotechnica, R. raetam, Acacia tortilis* e *Ochradenus baccatus. Citrullus colocynthis* registada (8,33%) foi a única hemicriptófita (Figura 12).

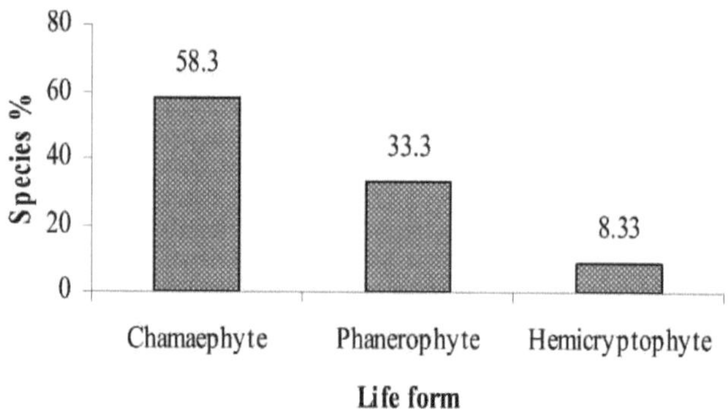

Figura (12): O histograma mostra a forma de vida das espécies associadas

à *L. pyrotechnica*, na Península do Sinai.

1.2.4.3. Corologia

Os elementos mono-regionais foram (83,33%) representados por dez espécies; oito destas eram saharo-árabes e as outras duas espécies eram sudanesas. **Os elementos birregionais** foram (16,67%) representados por duas espécies (irano-turaniano, saharo-árabe e saharo-árabe, sudanês) (Figura 13).

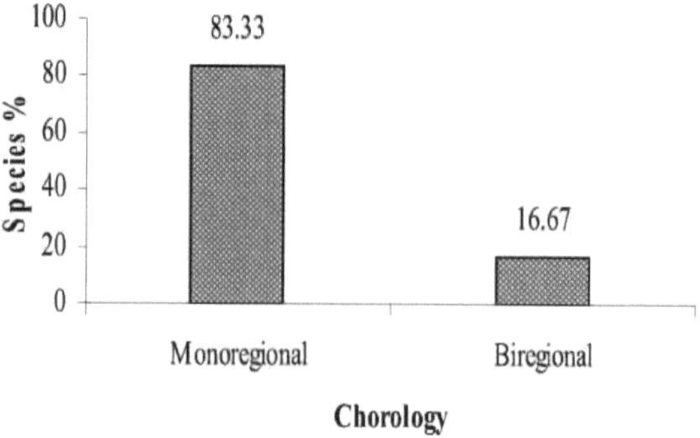

Figura (13): O histograma mostra a corologia das espécies associadas

a *L. pyrotechnica*, na Península do Sinai.

1.2.4.4. Análise da vegetação

A análise da vegetação da comunidade dominada por *L. pyrotechnica* com base no valor de presença mostra que a espécie dominante foi *L. pyrotechnica* com um valor de presença mais elevado P = 100% e IV = 102,7. A espécie codominante foi *Zilla spinosa* com P= 75 e IV= 62,2%. As espécies abundantes foram *Artemisia judaica* e *Aerva javanica* com P= 50 e IV= 13,6 e 7,89 respetivamente. Sete espécies foram muito comuns: *C. monacantha*, *Zygophyllum album*, *Ocradenus baccatus*, *Anabasis setifra*, *R. raetam*, *Fagonia mollis* e *Citrullus colocynthis* com P= 25 e IV= 23.1, 16.8, 10.4, 9.53, 9.39, 8.0 e 4.96 respetivamente (Quadro 6).

1.2.5. Propriedades do solo

1.2.5.1. Propriedades físicas

1.2.5.1.1. Textura do solo

O resultado da análise mecânica do solo apresentado no Quadro 7 indica que o solo é arenoso. A percentagem da fração de areia (areia grossa, média e fina) variou entre (92,3%) na camada superficial no local do protetorado de Ras Mohammed e (76,6%) na camada superficial no local de Wadi El Ghaeb. O valor médio mais elevado de **areia grossa** (29,6%) foi registado na camada subsuperficial no local 1 km a norte de Ras Mohammed, enquanto o seu valor médio mais baixo (5,3%) foi registado na camada subsuperficial no local do protetorado de Ras Mohammed. O valor médio mais elevado de **areia média** (53,5%) foi registado na camada superficial no sítio de Wadi El Ghaeb, enquanto o seu valor médio mais baixo (33,6%) foi registado na camada subsuperficial no sítio do protetorado de Ras Mohammed. **O cascalho** atingiu o seu valor médio mais elevado (19,6%) na camada subsuperficial (20-40 cm) no sítio de Wadi El Ghaeb, e o seu valor médio mais baixo (0,3%) foi registado na camada superficial (0-20 cm) no sítio do protetorado de Ras Mohammed. **O silte e a argila** atingiram o valor médio mais elevado (10,5%) na camada superficial (0-20 cm) no local de Wadi El Ghaeb, enquanto o valor médio mais baixo (2,7%) foi registado na camada superficial (020 cm) no local 1 km a norte do protetorado de Ras Mohammed.

1.2.5.1.2.. Teor de humidade (M.C %)

O teor de humidade do solo descrito no (Quadro 7) mostra que o valor médio mais elevado (2,41%) foi registado na camada subsuperficial (20-40 cm) no local de 1 km a norte do protetorado de Ras Mohammed, enquanto o valor médio mais baixo (0,35%) foi registado na camada subsuperficial (20-40 cm) no local do protetorado de Ras Mohammed durante a estação das chuvas. Na estação seca, o valor médio mais elevado foi (0,24%) registado na camada subsuperficial (20-40 cm) no local do protetorado de Ras Mohammed, enquanto o seu valor médio mais baixo (0,07%) foi registado na camada subsuperficial (20-40 cm) no local de wadi El Ghaeb.

1.2.5.2. Propriedades químicas

1.2.5.2.1. Reação do solo (pH)

A reação do solo teve um valor médio mais elevado (7,31) registado na camada subsuperficial (20-40 cm) no local de Wadi El Ghaeb, enquanto o seu valor médio mais baixo foi (7,03) registado na camada superficial (0-20 cm) no local do protetorado de Ras Mohammed (Quadro 7).

1.2.5.2.2. Condutividade eléctrica (C.E.)

A Tabela (7) mostra que a condutividade eléctrica do solo que suporta o crescimento de *L. pyrotechnica* atingiu o seu valor médio mais elevado (1,1 ds^{-1}/cm) foi registada na camada superficial (0-20 cm) no local do protetorado de Ras Mohammed, enquanto o seu valor médio mais baixo (0,36 ds^{-1}/cm) foi registado na camada subsuperficial (20-40 cm) no local de 1 km a norte do protetorado de Ras Mohammed.

1.2.5.2.3. Amões solúveis em água (Cl e SO4)

Os resultados apresentados na (Tabela 7) elucidaram que os **cloretos** solúveis no solo que suportam o crescimento de *L. pyrotechnica* entre (6-1,2 meq/L) com o valor médio mais elevado foi registado na camada superficial (0-20 cm) no local do protetorado de Ras Mohammed e o valor médio mais baixo foi registado na camada superficial (0-20 cm) no local de 9 km a sudoeste do protetorado de Ras Mohammed. Os iões **sulfato** solúveis atingiram (13,2 meq/L) o valor médio mais elevado registado na camada subsuperficial (20-40 cm) no local do protetorado de Ras Mohammed, e o valor médio mais baixo (1,35 meq/L) foi registado na camada superficial (0-20 cm) no local 1 km a norte do protetorado de Ras Mohammed.

1.2.5.2.4. Catiões solúveis em água (Ca^{++} , Mg^{++} , Na^{+} e K)$^{+}$

Os iões **de cálcio** solúveis no solo de *L. pyrotechnica* atingiram o seu valor médio mais elevado (7 meq/L) foi registado na camada superficial

(0-20 cm) no local do protetorado de Ras Mohammed, e o valor médio mais baixo (3 meq/L) foi registado na camada superficial (0-20 cm) no local de Wadi El Ghaeb. Os iões **de magnésio** atingiram o seu valor médio mais elevado (2,6 meq/L) na camada superficial (0-20 cm) no local do protetorado de Ras Mohammed, enquanto o seu valor médio mais baixo (1,0 meq/L) foi registado na camada subsuperficial (20-40 cm) no local de 9 km a sudoeste do protetorado de Ras Mohammed. Os iões **de sódio** atingidos (3,04 meq/L) na camada superficial (0-20 cm) foram registados no local do protetorado de Ras Mohammed como o valor mais elevado, enquanto o seu valor médio mais baixo (1,17 meq/L) foi registado na camada superficial (0-20 cm) no local a 9 km a sudoeste do protetorado de Ras Mohammed. **O** ião **potássio** atingido (1,5 meq/L) foi registado na camada subsuperficial (20-40 cm) no local de Wadi El Ghaeb como um valor mais elevado, enquanto o valor médio mais baixo (0,39 meq/L) foi registado na camada superficial (0-20 cm) no local de 9 km a sudoeste do protetorado de Ras Mohammed (Tabela 7).

1.2.5.2.5. Carbonato de cálcio (CaCO3 %)

O carbonato de cálcio no solo de *L. pyrotechnica* atingiu o seu valor médio mais elevado (21%) na camada superficial (0-20 cm) no local 1 km a norte do protetorado de Ras Mohammed, enquanto o seu valor médio mais baixo (8%) foi registado na camada superficial no local do protetorado de Ras Mohammed (quadro 7).

1.2.5.2.6. Carbono orgânico (O.C %)

Os solos que suportam o crescimento da planta *L. pyrotechnica* eram muito pobres em conteúdo de carbono orgânico. A percentagem de carbono orgânico atingiu (0,1%) como valor médio mais elevado registado na camada superficial no local 1 km a norte do protetorado de Ras Mohammed, enquanto o seu valor médio mais baixo (0,05%) foi registado na camada subsuperficial no local do protetorado de Ras Mohammed (quadro 7).

1.2.6. Valores **nutritivos das plantas**

1.2.6.1. **Percentagem de cinzas**

O quadro (8) mostra que o valor médio mais elevado (25%) da percentagem de cinzas durante a estação húmida foi registado no local de Wadi El Ghaeb, enquanto o valor médio mais baixo (17%) foi registado no local a 1 km a norte do protetorado de Ras Mohammed. Na estação seca, o valor médio mais elevado (18,5%) foi registado no local a 9 km a sudoeste do protetorado de Ras Mohammed, enquanto o valor médio mais baixo (10%) foi registado no local a 1 km a norte do protetorado de Ras Mohammed.

1.2.6.2. **Fibra bruta (C.F %)**

O quadro (8) mostra que o valor médio mais elevado (27,5%) durante a estação húmida foi registado no local de Wadi El Ghaeb, enquanto o valor médio mais baixo (21%) foi registado no local do protetorado de Ras Mohammed. Na estação seca, o valor médio mais elevado (22,5%) foi registado no local de Wadi El Ghaeb, enquanto o valor médio mais baixo (17,5%) foi registado no local do protetorado de Ras Mohammed.

1.2.6.3. **Suculência %**

A suculência das partes da planta é normalmente influenciada pela quantidade de água disponível no solo. O quadro (8) mostra que o valor médio mais elevado (15,4%) durante a estação húmida foi registado no local do protetorado de Ras Mohammed, enquanto o valor médio mais baixo foi (12,8%) registado no local 1 km a norte do protetorado de Ras Mohammed. Na estação seca, o valor médio mais elevado (12,2%) foi registado no local do protetorado de Ras Mohammed, enquanto o valor médio mais baixo (8,4%) foi registado no local de Wadi El Ghaeb.

1.2.6.4. Azoto total (T.N %)

O quadro (8) mostra que o valor médio mais elevado (5,56%) de azoto total nos materiais vegetais durante a estação húmida foi registado no local do protetorado de Ras Mohammed, enquanto o valor médio mais baixo (5,14%) foi registado no local 1 km a norte do protetorado de Ras Mohammed. Na estação seca, o valor médio mais elevado (5,49%) foi registado no local a 1 km a norte do protetorado de Ras Mohammed, enquanto o valor médio mais baixo (5,28%) foi registado no local a 9 km a sudoeste do protetorado de Ras Mohammed.

1.2.6.5. Proteína bruta (C.P %)

O quadro (8) mostra que o valor médio mais elevado (34,75%) durante a estação húmida foi registado no local do protetorado de Ras Mohammed, enquanto o valor médio mais baixo (32,13%) foi registado no local de 1 km a norte do protetorado de Ras Mohammed. Na estação seca, o valor médio mais elevado (34,3%) foi registado no local a 1 km a norte do protetorado de Ras Mohammed, enquanto o valor médio mais baixo (33%) foi registado no local a 9 km a sudoeste do protetorado de Ras Mohammed.

1.2.6.6. Proteína bruta digestível (D.C.P %)

O quadro (8) mostra que o valor médio mais elevado (28,8%) foi detectado na utilização das partes pastáveis de *L. pyrotechnica* durante a estação húmida, no local do protetorado de Ras Mohammed, enquanto o valor médio mais baixo (2,58%) foi registado no local 1 km a norte do protetorado de Ras Mohammed. Na estação seca, o valor médio mais elevado (28,4%) foi registado no local a 1 km a norte do protetorado de Ras Mohammed, enquanto o valor médio mais baixo (27,14%) foi registado no local a 9 km a sudoeste do protetorado de Ras Mohammed.

1.2.6.7. Azoto digerível total (T.D.N %)

O quadro (8) mostra que o valor médio mais elevado (72,8%) foi detectado na utilização da parte pastável de *L. pyrotechnica* durante a estação húmida e foi registado no local do protetorado de Ras Mohammed, enquanto o valor médio mais baixo (70,1%) foi registado no local de Wadi El Ghaeb e 9 km a sudoeste do protetorado de Ras Mohammed. Na estação seca, o valor médio mais elevado (73,7%) foi registado no local do protetorado de Ras Mohammed, enquanto o valor médio mais baixo (71,8%) foi registado no local de Wadi El Ghaeb.

Tabela (5): Valores médios dos parâmetros morfológicos de *L. pyrotechnica* que cresce nos locais estudados.

Morphological measurements	Season	wadi El Ghaeb	Ras Mohammed Protectorate	1 km north Ras Mohammed Protectorate	9 km southwest Ras Mohammed Protectorate
Height (m)	Wet	2.15	3.67	2.57	2.62
	Dry	2.26	3.79	2.7	2.74
No. of main branch/plant	Wet	14	18	15	14
	Dry	17	22	18	17
No. of lateral branch/plant	Wet	190	8347	825	825
	Dry	210	9065	1110	1036
No. of flower buds/plant	Wet	00	00	00	00
	Dry	933	975	563	448
No. of flowers/plant	Wet	00	00	00	00
	Dry	1573	2831	2854	2906
No. of fruits (no)/plant	Wet	51	170	99	99
	Dry	00	00	38	43
Crown cover (m^2)	Wet	1.01	3.6	3.36	3.27
	Dry	1.0	3.65	3.43	3.28

Tabela (6): Valor de importância (em 300) e presença (P %) das espécies associadas a *L. pyrotechnica*.

Considerando que: (1= Wadi El Ghaeb; 2= Protetorado de Ras Mohammed; 3= 1 km a norte do Protetorado de Ras Mohammed; 4= 9 km a sudoeste do Protetorado de Ras Mohammed). P % = Percentagem de presença, XIV = Média de Importante.

No	Species	Site No				XIV	P %
		1	2	3	4		
	A) Dominant species						
1	*Leptadenia pyrotechnica*	56.28	121.6	117.3	115.5	102.7	100
	B) Associate species						
2	*Acacia tortilis*	10.68	18.56	45.65	49.65	31.1	100
3	*Aerva javanica*	12.36	-	-	19.2	7.89	50
4	*Anabasis setifra*	38.1	-	-	-	9.53	25
5	*Artemisia judaica*	16.89	-	37.5	-	13.6	50
6	*Citrullus colocynthis*	19.84	-	-	-	4.96	25
7	*Cornulaca monacantha*	-	92.3	-	-	23.1	25
8	*Fagonia mollis*	32	-	-	-	8	25
9	*Ocradenus baccatus*	41.7	-	-	-	10.4	25
10	*Retama raetam*	37.55	-	-	-	9.39	25
11	*Zilla spinosa*	33.7	-	99.4	115.5	62.2	75
12	*Zygophyllum album*	-	67.37	-	-	16.8	25

Tabela (7): Valores médios das propriedades do solo que suportam o crescimento de Δ. *pyrotechnica* em diferentes locais. Considerando que: (G= Cascalho, F.G= Cascalho fino, C.S= Areia grossa, M.S= Areia média, F.S= Areia fina, E.C= Coductividade eléctrica e O.C= Carbono orgânico).

| Site | Profile depth (cm) | Physical properties | | | | | | | | | | | Chemical properties | | | | | | | | | Ca CO₃ % | O.C % |
| | | Soil fraction % | | | | | | | | Moisture % | | pH | E.C ds⁻¹/ cm | Cation and Anion (meq/L) | | | | | | | |
		G	F.G	C.S	M.S	F.S	Silt	Clay	Texture	Wet	Dry			Na⁺	K⁺	Ca⁺⁺	Mg⁺⁺	Cl⁻	SO₄⁻		
Wadi El Ghaeb	0 - 20	0	0.6	7.9	53.5	27.5	2.4	8.1	Sandy	0.16	0.08	6.88	0.425	2.39	1.5	3	2	2.5	2.62	16	0.06
	20 -40	0.5	19.1	21.7	38.2	16.7	1.3	2.5	Sandy	0.5	0.07	7.31	0.51	1.26	0.8	3.5	2.5	2.5	2.07	12	0.08
Ras Mohammed protectorate	0 - 20	0	0.3	2.7	42.9	46.7	4.4	3	Sandy	0.42	0.15	6.93	1.1	3.04	0.9	7	2.5	6	5.29	8	0.07
	20 -40	3.8	4.1	5.3	33.6	44.4	3.4	5.4	Sandy	0.35	0.24	6.46	1	2.98	1.26	6.5	1.5	4	13.2	12	0.05
1 km north Ras Mohammed	0 - 20	0	16.7	29.6	37.9	12.1	1.1	1.6	Sandy	0.4	0.1	7.1	0.37	1.2	0.42	4.3	1.6	1.4	2.42	21	0.1
	20 -40	1.1	13.8	24.5	45.7	10.7	1.6	2.6	Sandy	2.41	0.14	6.9	0.36	1.31	0.59	4.4	1.2	2.5	4.46	18	0.08
9 km south west Ras Mohammed	0 - 20	0	16.4	29.3	37.1	13.6	1.3	2.3	Sandy	0.37	0.08	7.04	0.41	1.17	0.39	4	1.5	1.2	1.35	20	0.06
	20 -40	0.8	13.5	24.2	45.3	11.6	1.4	3.2	Sandy	2.37	0.13	6.92	0.39	1.26	0.55	4	1	2.2	2.38	16	0.05

Tabela (8): Valores nutritivos médios de *L. pyrotechnica* cultivada em diferentes locais.

Site	Season	Ash %	Crude Fiber %	Succulence %	Nitrogen %	Crude Protein %	Digestible Crude Protein %	Total Digestible Nitrogen %
Wadi El Ghaeb	Wet	25	27.5	14.8	5.49	34.3	28.4	70.1
	Dry	15.5	22.5	8.4	5.42	33.9	28	71.8
Ras Mohammed protectorate	Wet	20	21	15.4	5.56	34.75	28.8	72.8
	Dry	12	17.5	12.2	5.42	33.9	28	73.7
1 km north Ras Mohammed	Wet	17	24	12.8	5.14	32.13	26.4	70.5
	Dry	10	19.5	11.5	5.49	34.3	28.4	73.2
9 km south west Ras Mohammed	Wet	25	26	13.1	5.28	33	27.17	70.1
	Dry	18.5	20	10.7	5.28	33	27.17	72.4

1.3. *Retama raetam* (Forssk) Webb & Berthel.

1.3.1. Caraterísticas morfológicas

1.3.1.1. Altura

O quadro (11) mostra que a altura dos arbustos teve um valor médio mais baixo (130 cm) registado no local a 10 km a sul de Umm Sheihan e o valor médio mais elevado (231 cm) foi registado no local do Protetorado de El Zaraneik.

1.3.1.2. Ramos principais

O quadro (11) mostra que o número médio mais baixo de ramos principais (13) foi registado no sítio de Gebel Halal e o número médio mais elevado (24) foi registado no sítio de Wadi Sudr.

1.3.1.3. Ramos laterais

O quadro (11) mostra que o número médio mais baixo de ramos laterais (52) foi registado nos sítios de Gebel Halal, 10 km a sul de Umm Sheihan e 40 km da estrada de El Gifgafa e o número médio mais elevado (1503) foi registado no sítio de Wadi Sudr.

1.3.1.4. Número de folhas

O quadro (11) mostra que as folhas com um número médio mais baixo (zero) foram registadas nos locais de 40 km 10 km a sul de Umm Sheihan e Gebel Halal; enquanto o número médio mais elevado (604) foi registado no local de Wadi Yalk.

1.3.1.5. Comprimento da folha

O quadro (11) mostra que o comprimento da folha teve o valor médio mais baixo (0,93 cm) no local 10 km a sul de Umm Sheihan e Gebel Halal; enquanto o valor médio mais elevado (2,52 cm) foi registado nos locais de El Zaraneik Protectorate e Wadi Yalk.

1.3.1.6. Área foliar

O quadro (11) mostra que a área foliar com o valor médio mais baixo (zero) foi registada no sítio a 10 km a sul de Umm Sheihan e Gebel Halal; enquanto o valor médio mais elevado (6,03 cm^2) foi registado no sítio do Protetorado de El Zaraneik.

1.3.1.7. Números de flores

O quadro (11) mostra que o número de flores mais baixo (169) foi registado no sítio de Gebel Halal e o número médio mais elevado (4063) foi registado no sítio de Wadi Sudr.

1.3.1.8. Botões florais

O quadro (11) mostra que o valor médio mais baixo dos botões florais (315) foi registado no local a 10 km a sul de Umm Sheihan e o valor médio mais elevado (1585) foi registado no local de Gebel Halal.

1.3.1.9. Cobertura da coroa

O quadro (11) mostra que o coberto arbóreo teve o valor médio mais baixo (1,76 m^2) no sítio de Gebel Halal e o valor médio mais elevado (3,06 m^2) no sítio a 10 km a sul de Umm Sheihan.

(15)　　　　　　　　　　**(16)**

Foto (15): Vista de perto de *R. raetam*, mostrando a sua flor, no sítio
de Gebel Halal, no Norte do Sinai.

Foto (16): *R. raetam*, arbusto com altura atingida de 156 cm
crescendo no leito do wadi no sítio de Wadi Sudr, Sinai do Sul.

(17)　　　　　　　　　　**(18)**

Foto (17): Uma comunidade de *R. raetam* e espécies associadas,
Tamarix aphylla, Haloxelon Salicomicum no
leito do wadi no sítio de 10 km a sul de Umm Sheihan,
Sinai do Norte.

Foto (18): Mostrando o uso de *R. raetam* como aglutinante de areia,
Norte do Sinai.

(19)

Foto (19): Vista de perto de *R. raetam*, mostrando as suas flores e frutos, no sítio do protetorado de El Zaraniek, no Norte do Sinai.

1.3.2. Caraterísticas anatómicas

A fotografia (20) mostra que o caule de *R. raetam* está coberto por densos pêlos multicelulares. Estes pêlos podem ser longos ou curtos. O interior do caule jovem em assimilação revelou que uma camada ondulada de células epidérmicas é constituída por uma única fila de células compactas, e também ao longo do lado da epiderme ondulada três filas de células em paliçada. O córtex é constituído por hipoderme; a hipoderme é constituída por uma camada de células parenquimatosas de paredes finas. Abaixo da hipoderme, existem algumas camadas de clorênquima. Os elementos vasculares formam um anel contínuo de feixes vasculares, separados por duas filas estreitas de raios medulares. O centro do caule é ocupado por uma medula larga.

Por outro lado, a folha de *R. raetam* tem as células epidérmicas adaxiais e abaxiais cobertas por pêlos multicelulares. As duas camadas epidérmicas são seguidas por células de clorênquima. O tecido do solo é constituído principalmente por células de parênquima. Além disso, este tecido encontra-se tanto na face adaxial como na face abaxial. Os feixes vasculares bicolaterais constituem as nervuras centrais e as nervuras principais da folha, enquanto os feixes vasculares constituem as nervuras secundárias. A folha é considerada isobilateral quando o mesofilo é diferenciado em três fileiras superiores e três fileiras inferiores de tecido paliçádico e o tecido esponjoso entre elas; **Foto (21a, b).**

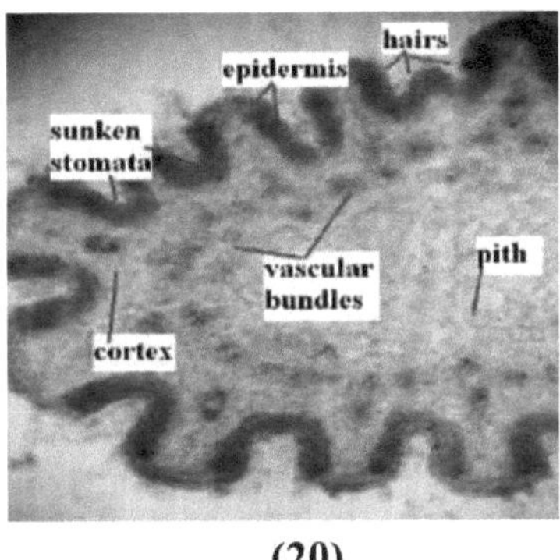

(20)

Foto (20): S.T. em caule de *R. raetam*, crescendo na Península do Sinai. Ampliação 160 X.

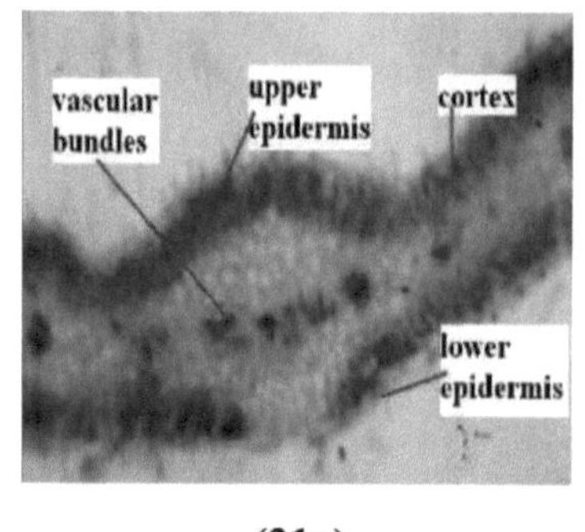

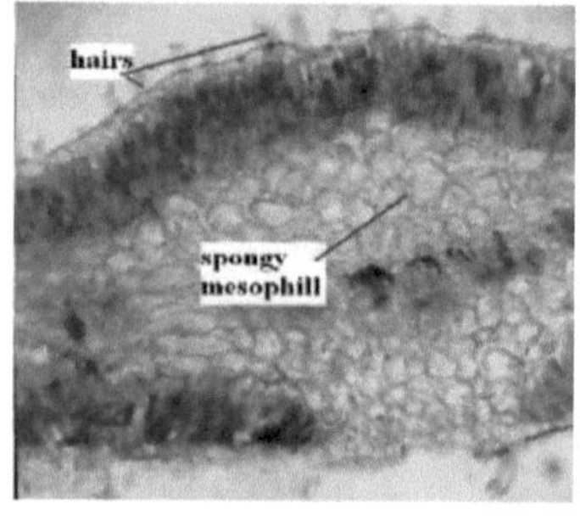

(21a)   **(21b)**

Foto (21a): S.T. em folha de *R. raetam,* crescendo na Península do Sinai.

Ampliação 160 X.

Foto (21b): S.T. em folha de *R. raetam,* crescendo na Península do Sinai.

Ampliação 260 X.

1.3.3. Fenologia

O período de floração estendeu-se desde o início de dezembro até ao final de fevereiro, durante um período de cerca de três meses, como mostra a figura 14. A fase de frutificação começou no início de março e estende-se até ao início de maio por um período de cerca de três meses. A dispersão das sementes ocorreu de junho a setembro. O crescimento vegetativo começou em outubro até ao final de novembro.

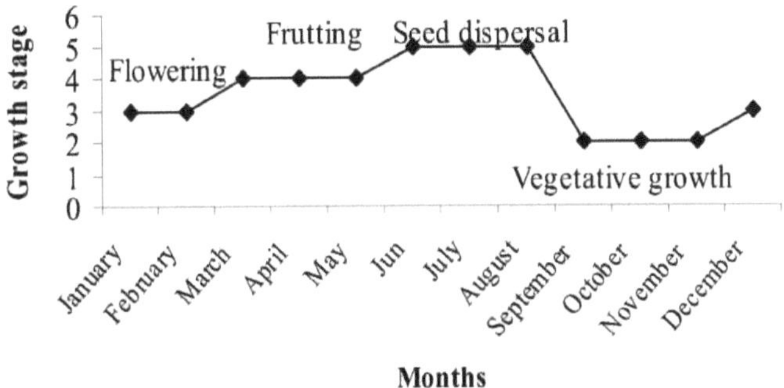

Figura (14): Estádios fenológicos de *R. raetam* na Península do Sinai.

1.3.4. Caraterísticas ecológicas

1.3.4.1. Composição florística

A composição florística da comunidade dominada por *R. raetam* inclui trinta e nove espécies pertencentes a dezanove famílias. As famílias mais caraterísticas foram Aseraceae (15,38%) representadas por seis espécies, nomeadamente: *Artemisia judaica, Artemisia monosperma, Echinops spinosissmus, Pulicaria crispa, Varthemia montana* e *Achillea santolina*. Zygophyllaceae foi (12,82%) representada por cinco espécies, nomeadamente: *Fagonia arabica, Fagonia mollis, Zygophyllum coccineum, Zygophyllum dumosum* e *Zygophyllum album*. Lamiaceae foi (10,26%) representada por quatro espécies, *Ballota undulata, Salvia lanigra, Stachys aegyptiaca* e *Tecurium pollium*. Chenopodiaceae foi (7,69%) representada por três espécies, *C. monacantha, Noaea mucronata* e *Haloxylon salicornicum*. Fabaceae foi (7,69%) representada por três espécies, nomeadamente: *Alhagi graecorum, Astragalus sinaica* e *R. raetam*. Tamaricaceae, Solanaceae. Poaceae e Cistaceae foram (5,13%) representadas por duas espécies, nomeadamente: *Panicum turgidum* e *Cistanke tubulosa*, respetivamente. As restantes famílias (Amaryllidaceae, Caryophyllaceae, Cleomelaceae, Convolvulaceae, Cascutaceae, Brassicaceae, Liliaceae, Resedaceae, Thymelaceae e Apiacaeae) foram (25,6%) representadas por uma espécie (Figura 15).

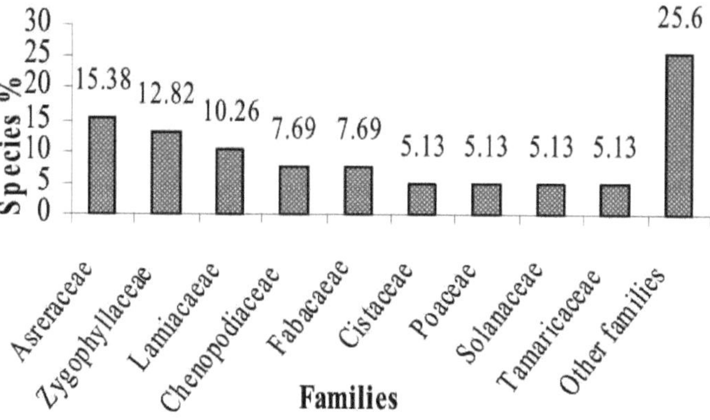

Figura (15): O histograma mostra as famílias de espécies associadas a *R. raetam*, Península do Sinai.

1.3.4.2. Forma de vida

As espécies registadas associadas a *R. raetam* pertenciam a cinco formas de vida diferentes. A Chamaephyta foi a forma de vida dominante registada (58,97%). Foi representada por vinte e duas espécies, entre as quais: *Zygophyllum album, Artemisia monosperma, Convolvulus lanatus, Fagonia mollis, Helianthemum lippii, Deverra tortusa, Gymnocarpos decander* e *Haloxylon salicornicum.* Os fanerófitos (15,38%) incluíam seis espécies, nomeadamente *Ochradenus baccatus, Tamarix aphylla, R. raetam, Thymelaea hirsuta, Lycium shawii* e *Lycium europaeum.* As terófitas foram (15,38%) representadas por cinco espécies, nomeadamente *Aristida funiculata,*

Cleome amblyocarpa, Achillea santolina, Cistanke tubulosa e *Pancratium sikenbergiana.* As hemicriptófitas (7,69%) incluíam três espécies, nomeadamente: *Echinops spinosissmus, Alhagi graecorum* e *Panicum turgidum. Urginea maritima* foi (2,56%) a única espécie de Geófito (Figura 16).

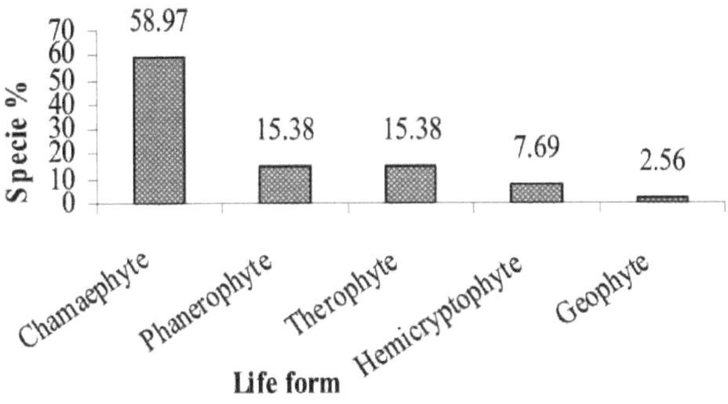

Figura (16): O histograma mostra a forma de vida das espécies associadas a *R. raetam*, Península do Sinai.

1.3.4.3. Corologia

Os elementos mono-regionais foram (71,79%) representados por vinte e oito espécies; vinte espécies eram Saharo-árabes; três espécies para cada um dos Sudaneses e Mediterrânicos. Duas espécies eram irano-turanianas. **Os elementos birregionais** foram (25,64%) representados por dez espécies; quatro espécies para cada uma das regiões do Sara Ocidental, do Sudão e do Mediterrâneo, do Sara Ocidental, uma espécie para cada uma das regiões do Irano-Turaniano, do Sara Ocidental e do Mediterrâneo, do Irano-Turaniano. **Os elementos pluri-regionais** foram (2,56%) representados por uma espécie (Figura 17).

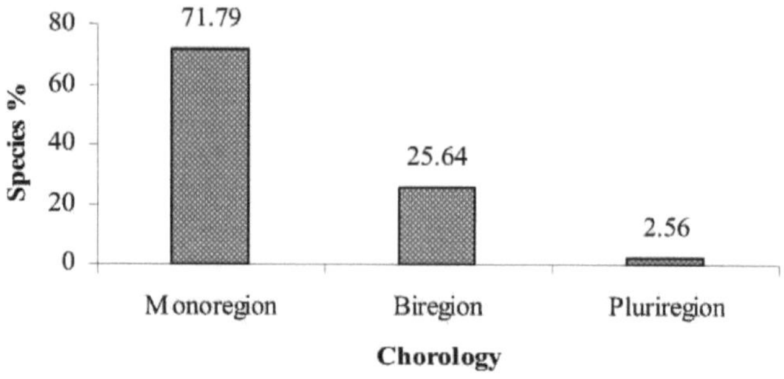

Figura (17): O histograma mostra a corologia das espécies associadas a *R. raetam*, Península do Sinai, Egito.

1.3.4.4. Análise da vegetação

A análise da vegetação da comunidade dominada por *R. raetam* (Tabela 10) com base no valor de presença mostra que a dominante foi *R. raetam* com um valor de presença mais elevado P= 100% e IV mais elevado=122. As espécies abundantes foram *Fagonia mollis*, *Zilla spinosa* e *Thymelaea hirsuta* com valor de presença P= 66,67%, 50% e 50% e IV= 10,4, 20 e 17,4 respetivamente. oito espécies foram muito comuns com valor de presença P= 33,33% e IV= 11.5, 10.6, 4.95, 4.71, 4.09, 3.31, 2.97 e 2.85 destas espécies *Lycium shawii, Zygophyllum album, Haloxylon salicomicum, Echinops spinosissmus, Alhagi graecorum, Deverra tortusa, Achillea santolina* e *Helianthmum lippii* respetivamente. Vinte e uma espécies eram comuns, nomeadamente *C. monacantha, Panicum turgidum, Convolvulus lanatus, Ochradenus baccatus, Artemisia judaica, Astragalus sinaica, Zygophyllum coccinium, Tamarix aphylla, Artemisia monosperma, Lycium europaeum, Fagonia arabica, Ballota undulata, Zygophyllum dumosum, Gymnocarpos decander, Pulicaria crispa, Reaumuria hirtella, Stachys aegyptiaca, Salvia lanigra, Varthemia montana, Tecurium pollium* e *Noaea mucronata* com valor de presença P= 16.7% e IV= 12.3, 7.62, 5.63, 5.43, 4.68, 4.48, 3.8, 2.77, 2.62, 2.54, 2.43, 2.16, 1.95, 1.93, 1.86, 1.73, 1.54, 1.14, 0.93, 0.56 e 0.36 respetivamente. *Aristida funiculata, Cascuta campestris, Cistanke tubulosa, Urginea maritima, Cleome amblyocarpa* e *Pancratium sikenbergiana* foram as espécies anuais registadas.

1.3.5. Propriedades do solo

1.3.5.1. Propriedades físicas

1.3.5.1.1. Textura do solo

Os resultados da análise mecânica do solo (Quadro 11) mostram que o solo que suporta o crescimento de *R. raetam* é argilo-arenoso. A percentagem da fração de areia (areia grossa, média e fina) variou entre (90,8%) registada no sítio do Protetorado de El Zaraneik e (27,7%) registada no sítio de Wadi Yalk. O valor médio mais elevado de **areia grossa** (33,3%) foi registado no sítio de Wadi Sudr, enquanto o seu valor médio mais baixo (1,9%) foi registado no sítio de Wadi Yalk. O valor médio mais elevado de **areia média** (56,9%) foi registado no sítio do Protetorado de El Zaraneik, enquanto o seu valor médio mais baixo (4,5%) foi registado no sítio de Gebel Halal. A percentagem mais elevada de **areia fina** (42,7%) foi registada no sítio a 10 km a sul de Umm Sheihan, e o seu valor médio mais baixo (1,7%) foi registado no sítio de Gebel Halal. **O silte e a argila** atingiram o seu valor médio mais elevado (72,1%) na camada superficial (0-20 cm) no sítio de Wadi Yalk, e o seu valor médio mais baixo (7,1%) foi registado na camada subsuperficial (20-40 cm) no sítio do Protetorado de El Zaraneik. A partir dos resultados acima referidos, o solo era de textura arenoargilosa, com um valor médio mais elevado de gravilha (39,3%) registado na camada subsuperficial (20-40 cm) no sítio de Wadi Yalk, e o seu valor médio mais baixo (7,1%) registado na camada superficial (0-20 cm) nos sítios do Protetorado de El Zaraneik e 10 km a sul de Umm Sheihan.

1.3.5.1.2. Teor de humidade (M.C %)

Os resultados apresentados no Quadro 11 mostram que o valor médio mais elevado (11,2%) foi registado na camada subsuperficial (20-40 cm) no local de Wadi Sudr durante a estação húmida, enquanto o valor médio mais baixo (1,19%) foi registado nas camadas subsuperficiais (20-40 cm) no local a 10 km a sul de Umm Sheihan. Na estação seca, o valor médio mais elevado

(8,91%) foi registado na camada superficial (0-20 cm) no sítio de Gebel Halal na estação húmida, enquanto o seu valor médio mais baixo (0,22%) foi registado nas camadas subsuperficiais (20-40 cm) no sítio de Wadi Sudr.

1.3.5.2. Propriedades químicas

1.3.5.2.1. Reação do solo (pH)

A reação do solo teve um valor médio mais elevado (8,39) na camada superficial (0-20 cm) no local de Gebel Halal; enquanto o valor médio mais baixo (7,25) foi registado na camada superficial (0-20 cm) no local do Protetorado de El Zaraneik (Quadro 11).

1.3.5.2.2. Condutividade eléctrica (C.E.)

A Tabela (11) mostra que a condutividade eléctrica do solo que suporta o crescimento de *R. raetam* atingiu o seu valor médio mais elevado (2,3 ds^{-1}/cm) foi registado na camada subsuperficial (20-40 cm) no local do Protetorado de El Zaraneik, enquanto o seu valor médio mais baixo (0,195 ds^{-1}/cm) foi registado na camada subsuperficial (20-40 cm) no local de Gebel Halal.

1.3.5.2.3. Aniões solúveis em água (Cl e SO4)

Os resultados apresentados na (Tabela 11) mostram que a concentração mais elevada de iões **cloreto** solúveis nos habitats estudados (5,7 meq/L) foi registada na camada subsuperficial (20-40 cm) no local a 10 km a sul de Umm Sheihan, enquanto o seu valor médio mais baixo (1,0 meq/L) foi registado na camada superficial (0-20 cm) nos locais a 10 km a sul de Umm Sheihan e Gebel Halal. Os iões **de sulfatos** solúveis atingiram

(14,6 meq/L) como valor médio mais elevado foi registado na camada superficial (0-20 cm) no local do Protetorado de El Zaraneik, enquanto o seu valor médio mais baixo (1,17 meq/L) foi registado na camada subsuperficial (0-20 cm) no local de Gebel Halal.

1.3.5.2.4. Catiões solúveis em água (Ca^{++} , Mg^{++} , Na$^+$ e K)$^+$

Os iões de cálcio solúveis nos habitats estudados atingiram o seu valor médio mais elevado (32 meq/L), registado na camada superficial (20-40 cm) no local do Protetorado de El Zaraneik, enquanto o seu valor médio mais baixo (2,5 meq/L) foi registado na camada superficial (0-20 cm) nos locais a 10 km a sul de Umm Sheihan e Gebel Halal. Os iões **de magnésio** atingiram o seu valor médio mais elevado (9 meq/L) na camada superficial (0-20 cm) no local de Wadi Yalk, enquanto o seu valor médio mais baixo (0,5 meq/L) foi registado na camada superficial (0-20 cm) nos locais a 10 km a sul de Umm Sheihan e Gebel Halal. **O**

ião **sódio** é o principal catião solúvel no solo que suporta o crescimento de *R. raetam*, tendo atingido (13,9 meq/L) na camada subsuperficial (20-40 cm) no local de 10 km a sul de Umm Sheihan como valor mais elevado, enquanto o seu valor médio mais baixo (0,67 meq/L) foi registado na camada subsuperficial (20-40 cm) no local de Gebel Halal. A concentração de iões **de potássio** teve um valor médio mais elevado (1,2 meq/L) na camada superficial (0-20 cm) no local 60 km a norte de Nuwebae, enquanto o valor médio mais baixo (0,13 meq/L) foi registado na camada subsuperficial (20-40 cm) no local 10 km a sul de Umm Sheihan (Quadro 11).

1.3.5.2.5. Carbonato de cálcio (CaCO$_3$ %)

A R. raetam cresce em solos com uma percentagem média de carbonato de cálcio. O valor médio mais elevado (36%) foi registado na camada subsuperficial de Gebel Halal, enquanto o valor médio mais baixo (3,6%) foi registado na camada subsuperficial no local 10 km a sul de Umm Sheihan (Quadro 11).

1.3.5.2.6. Carbono orgânico (O.C %)

Os solos que suportam o crescimento da planta *R. raetam* eram muito pobres em conteúdo de carbono orgânico. A percentagem de carbono orgânico atingiu (0,1%) como valor médio mais elevado na camada superficial (0-20) no sítio de Wadi Sudr, enquanto o seu valor médio mais baixo (0,05%) foi registado na camada superficial (0-20) no sítio do Protetorado de El Zaraneik (Quadro 11).

1.3.6. Valores nutritivos das plantas

1.3.6.1. Percentagem de cinzas

O quadro (12) mostra que o valor médio mais elevado durante a estação húmida (35%) foi registado no sítio de Wadi Sudr, enquanto o valor médio mais baixo (20%) foi registado no sítio do Protetorado de El Zaraneik. Na estação seca, o valor médio mais elevado (25%) foi registado no sítio de Gebel El Halal, enquanto o valor médio mais baixo (14%) foi registado no sítio de 60 km a norte de Nuwebae.

1.3.6.2. Fibra bruta (C.F %)

A tabela (12) mostra que o valor médio mais elevado durante a estação húmida foi de (31%) registado no local de Wadi Sudr, enquanto o valor médio mais baixo (15,5%) foi registado no local de 10 km a sul de Umm Sheihan. Na estação seca, o valor médio mais elevado de fibra bruta foi de (26%) registado no local de Wadi Sudr, enquanto o valor médio mais baixo (13,5%) foi registado no local de 10 km a sul de Umm Sheihan.

1.3.6.3. Suculência %

O quadro (12) mostra que o valor médio mais elevado do teor de água durante a estação húmida (34,2%) foi registado no local de Wadi Sudr, enquanto o valor médio mais baixo (12%) foi registado no local do Protetorado de El Zaraneik. Na estação seca, o valor médio mais elevado (29,4%) foi registado no local 60 km a norte de Nuwebae, enquanto o valor médio mais baixo (5,8%) foi registado no local de Wadi Yalk.

1.3.6.4. Azoto total (T.N %)

O quadro (12) mostra que o valor médio mais elevado de azoto total em partes de plantas durante a estação húmida (5,56%) foi registado no sítio de Wadi Yalk, enquanto o valor médio mais baixo (5,14%) foi registado no sítio de Wadi Sudr. Na estação seca, o valor médio mais elevado (5,14%) foi registado nos sítios de Gebel El Halal e Wadi Yalk, enquanto o valor médio mais baixo (1,15%) foi registado no sítio de wadi Sudr.

1.3.6.5. Proteína bruta (C.P %)

O quadro (12) mostra que o valor médio mais elevado de proteína bruta no espécime vegetal durante a estação húmida (34,75%) foi registado no local de Wadi Yalk, enquanto o valor médio mais baixo (32,13%) foi registado no local de Wadi Sudr. Na estação seca, o valor médio mais elevado (33,9%) foi registado nos locais de Gebel El Halal e Wadi Yalk, enquanto o valor médio mais baixo (31,88%) foi registado no local de Wadi Sudr.

1.3.6.6. Proteína bruta digestível (D.C.P %)

O quadro (12) mostra que o valor médio mais elevado detectado nas partes pastáveis de *R. raetam* durante a estação húmida (28,8%) foi registado no local de Wadi Yalk. O valor médio mais baixo (26,14%) foi registado no sítio de Wadi Sudr. Na estação seca, o valor médio mais elevado (28%) foi registado nos sítios de Gebel El Halal e Wadi Yalk, enquanto o valor médio mais baixo (26,1%) foi registado no sítio de Wadi Sudr.

1.3.6.7. Azoto digestível total (T.D.N %)

O quadro (12) mostra que o valor mais elevado detectado na parte pastável de *R. raetam* durante a estação húmida (74,5%) foi registado no local a 10 km a sul de Umm Sheihan, enquanto o valor médio mais baixo (68,8%) foi registado no local a 60 km a norte de Nuwebae. Na estação seca, o valor médio mais elevado (79,3%) foi registado no sítio de Gebel El Halal, enquanto o valor médio mais baixo (70,5%) foi registado no sítio de wadi Yalk.

Tabela (9): Valores médios dos parâmetros morfológicos de *R. raetam* crescendo em diferentes locais.

Morphological measurements	Season	El Zaraneik Protectorate	10 km south Umm Sheihan	Gebel Halal	Wadi Yalk	Wadi Sudr	60 km north Nuwebae
Height (m)	Wet	223	131	185	215	223	220
	Dry	231	136	193	222	231	230
No. of main branch/plant	Wet	19	20	10	18	20	20
	Dry	21	23	13	21	24	23
No. of lateral branch/plant	Wet	99	137	52	746	1341	1341
	Dry	121	158	65	933	1503	1494
No. of leaves/plant	Wet	56	00	00	604	237	237
	Dry	00	00	00	00	00	00
No. of flower buds/plant	Wet	585	315	1585	968	730	730
	Dry	00	00	00	00	00	00
No. of flowers/plant	Wet	697	1531	169	3634	4063	1406
	Dry	00	00	00	00	00	00
Crown cover (m^2)	Wet	2.66	3.06	1.76	1.95	2.65	2.65
	Dry	2.76	3.11	1.8	1.83	2.73	2.74
Leaf area (cm^2)	Wet	6.03	00	00	4.65	3.83	3.83
	Dry	00	00	00	00	00	00
Leaf length (cm)	Wet	1.9	00	00	1.9	1.7	1.7
	Dry	00	00	00	00	00	00

Tabela (10): Valor de importância (em 300) e presença (P %) das espécies associadas a *R. raetam*.

Considerando que: (1= Protetorado de El Zaraneik; 2= 10 km a sul de Umm Sheihan; 3= Gebel Halal; 4= Wadi Yalk; 5= Wadi Sudr e 6= 30 km a norte de Nuwebae). P% = Percentagem de presença, XIV = Média do valor de importância e Presença de espécies anuais (+ = raras, ++ = comuns).

No	Species	Site No						XIV	P %
		1	2	3	4	5	6		
	A) Dominant species								
1	*Retama raetam*	90.45	111.6	83.95	164.1	134.1	147.5	122	100
	B) Associate Sp. (1-Perrenials)								
2	*Achillea santolina*	-	-	-	-	17.8	-	2.97	33.3
3	*Alhagi graecorum*	21.23	-	3.3	-	-	-	4.09	33.33
4	*Artemisia judaica*	-	-	-	-	28.1	-	4.68	16.67
5	*Artemisia monosperma*	15.73	-	-	-	-	-	2.62	16.67
6	*Astragalus sinaica*	-	-	-	26.9	-	-	4.48	16.67
7	*Ballota undulata*	-	-	12.96	-	-	-	2.16	16.67
8	*Convolvulus lanatus*	-	33.78	-	-	-	-	5.63	16.67
9	*Cornulaca monacantha*	-	74.05	-	-	-	-	12.3	16.67
10	*Deverra tortusa*	-	16.14	3.71	-	-	-	3.31	33.33
11	*Echinops spinosissmus*	-	-	1.34	26.9	-	-	4.71	33.33
12	*Fagonia arabica*	-	14.59	-	-	-	-	2.43	16.67
13	*Fagonia mollis*	-	-	0.96	11.63	16.1	34	10.4	66.67
14	*Gymnocarpos decander*	-	-	11.63	-	-	-	1.93	16.67

15	*Haloxylon salicornicum*	-	13.08	-	-	-	16.6	4.95	33.33
16	*Helianthmum lippii*	10.58	6.54	-	-	-	-	2.85	33.33
17	*Lycium europaeum*	-	-	15.23	-	-	-	2.54	16.67
18	*Lycium shawii*	28.68	-	-	40.25	-	-	11.72	33.33
19	*Noaea mucronata*	-	-	2.17	-	-	-	0.361	16.67
20	*Ochradenus baccatus*	-	-	-	-	32.6	-	15.43	16.67
21	*Panicum turgidum*	45.7	-	-	-	-	-	7.62	16.67
22	*Pulicaria crispa*	-	-	-	-	11.14	-	1.86	16.67
23	*Reaumuria hirtella*	-	-	10.39	-	-	-	1.73	16.67
24	*Salvia lanigra*	-	5.56	-	-	-	-	0.93	16.67
25	*Stachys aegyptiaca*	-	-	3.54	-	-	-	1.59	16.67
26	*Tamarix aphylla*	-	-	-	-	-	16.6	2.77	16.67
27	*Tecurium pollium*	-	-	3.37	-	-	-	0.56	16.67
28	*Thymelaea hirsuta*	57.67	14.1	32.7	-	-	-	17.4	50
29	*Varthemia montana*	-	-	6.84	-	-	-	1.14	16.67
30	*Zilla spinosa*	-	-	-	30.27	26.9	62.6	20	50
31	*Zygophyllum album*	30.1	-	-	-	33.2	-	10.6	33.33
32	*Zygophyllum coccinium*	-	-	-	-	-	22.8	3.8	16.67
33	*Zygophyllum dumosum*	-	-	11.68	-	-	-	1.95	16.67
	(2-Annuals)								
34	*Aristida funiculata*	-	-	-	+	-	-		
35	*Cascuta campestris*	-	-	-	++	-	-		
36	*Cistanke tubulosa*	-	-	-	++	-	-		
37	*Cleome amblyocarpa*	-	+	-	-	-	-		
38	*Pancratium sikenbergiana*	+	+		-	-	-		
39	*Urginea maritima*	-	-	++	-	-	-		

Tabela (11): Valores médios das propriedades do solo que suportam o crescimento de *R. raetarn* em diferentes locais.

Considerando que: (G= Cascalho, F.G= Cascalho fino, C.S= Areia grossa, M.S= Areia média, F.S= Areia fina, E.C=Coductividade eléctrica e O.C= Carbono orgânico).

Site	Profile depth (cm)	Physical properties											Chemical properties								Ca CO$_3$ %	O.C %
		Soil fraction %								Moisture %		pH	E.C ds^{-1}/ cm	Cation and Anion (meq/L)							
		G	F.G	C. S	M.S	F.S	Silt	Clay	Texture	Wet	Dry			Na$^+$	K$^+$	Ca^{++}	Mg^{++}	Cl$^-$	SO$_4^{--}$		
El Zaraneik Protectorate	0-20	0	0.9	12.9	56.9	19.3	5.1	4.9	Sandy	9.21	0.4	7.25	2.1	0.87	0.45	31	4.5	1.5	14.6	4	0.05
	20-40	0.2	1.9	22.8	49.1	18.9	4.3	2.8	Sandy	6.79	1.47	7.55	2.3	0.87	0.45	32	5	1.5	8.49	4	0.06
10 km south Umm Sheihan	0-20	0	0.9	1.9	44.7	42.7	6.3	4.4	Sandy	1.44	0.56	7.87	0.265	2.04	0.15	2.5	0.5	1	3.45	4	0.07
	20-40	0	6.6	20.9	36.9	26.6	4.4	4.6	Sandy	1.19	0.39	7.75	0.92	13.9	0.13	5	1	5.7	3.56	36	0.09
Gebel Halal	0-20	0.7	4.5	5.3	4.5	20.7	8.7	55.6	Clay	2.22	8.91	8.39	0.212	1.6	0.45	2.5	0.5	1	3.75	28	0.08
	20-40	3	15.7	14.9	11.5	1.7	26.8	26.2	S.loam	2.75	0.74	7.69	0.195	0.67	0.23	3	0.5	5	2	36	0.09
Wadi Yalk	0-20	0	0.2	1.9	5	20.8	21.8	50.3	S. clay	2.89	1.28	8.13	0.8	2.87	0.82	4.5	1.5	5.5	1.21	7.8	0.09
	20-40	17.5	21.8	18.6	13.2	15.5	4.2	9.2	Sandy	2.45	1.02	7.43	1.4	2.52	0.8	5.5	2.5	12	1.17	18	0.08
Wadi Sudr	0-20	16.4	12.3	13.4	12.8	12.3	10.9	21.9	S.loam	3.59	0.53	7.62	1.2	2.22	0.54	6	2	8	3.4	14.4	0.1
	20-40	7.9	2.2	33.3	33	15.4	3.8	4.4	Sandy	11.2	0.22	8.1	1	2.65	0.54	3.5	1.5	5	1.36	12.6	0.07
60 km north Nuwebae	0-20	5.79	7.16	13.2	20.6	16.6	23.5	13.2	S.loam	2.91	0.3	8.27	1.02	2.83	1.12	7	9	2.3	3.37	57	0.09
	20-40	10.3	12	22.5	37.3	11.1	5.51	1.42	Sandy	2.38	1.07	8.2	0.9	1.9	0.44	3	7	1.8	3.81	72	0.09

Tabela (12): Valores nutritivos médios de *R. raetam* crescendo em diferentes locais.

Site	Season	Ash %	Crude Fiber %	Succulence %	Nitrogen %	Crude Protein %	Digestible Crude Protein %	Total Digestible Nitrogen %
El Zaraneik Protectorate	Wet	20	16.5	12	5.21	32.56	26.8	73.5
	Dry	16	14	8.6	5.14	32.13	26.4	74.3
10 km south Umm Sheihan	Wet	30	15.5	23.2	5.42	33.9	28	74.5
	Dry	19	13.5	17.5	5.28	33	27.17	74.9
Gebel Halal	Wet	30	27	19.8	5.49	34.3	28.4	70.3
	Dry	21	17	14.2	5.42	33.9	28	79.3
Wadi Yalk	Wet	35	24	14.5	5.14	32.13	26.4	70.5
	Dry	20	14.5	5.8	5.1	31.88	26.1	74
Wadi Sudr	Wet	35	31	34.2	5.56	34.75	28.8	69
	Dry	20	26	28.8	5.42	33.9	28	70.5
60 km north Nuwebae	Wet	30	29.5	33.7	5.28	33	27.17	68.8
	Dry	14	22	29.4	5.21	32.13	26.4	71.2

CAPÍTULO 8

11. Halófitas

11.1. *Atriplex halimus* L.

11.1.1. Caraterísticas morfológicas

11.1.1.1. Altura

O quadro (13) mostra que a altura com o valor médio mais baixo (14,7 cm) foi registada no local de Gebel El Maghara e o valor médio mais alto (143 cm) foi registado no local de 20 km de Nekhel-Taba.

11.1.1.2. Ramos principais

O quadro (13) mostra que o número médio mais baixo de ramos principais foi apenas (um) registado no sítio de Gebel El Maghara e o número médio mais elevado (21) foi registado no sítio de 20 km de Nekhel-Taba.

II.1.1.3. Ramos laterais

O quadro (13) mostra que os ramos laterais tiveram um número médio mais baixo (52) no local de Gebel El Maghara e o número médio mais elevado (160) no local de 20 km de Nekhel-Taba.

II.1.1.4. Número de folhas

O quadro (13) mostra que o número médio mais baixo de folhas (1125) foi registado no local de Ain El Kodirat e o número médio mais elevado (5360) foi registado nos locais de 20 km Nekhel-Taba e 50 km Nekhel-Taba.

11.1.1.5. Comprimento da folha

O quadro (13) mostra que o comprimento da folha teve um valor médio mais baixo (0,04 cm) no local de Gebel El Maghara e o valor médio mais elevado (2,57 cm) no local de 20 km de Nekhel-Taba.

11.1.1.6. Área foliar

O quadro (13) mostra que a área foliar teve o valor médio mais baixo (1,22 cm^2) no local de Ain El Kodirat e o valor médio mais elevado (1,97 cm^2) no local de 9 km de Nekhel-Tunnel.

11.1.1.7. Números de flores

O quadro (13) mostra que o número de flores teve um número médio mais baixo (717) no local de Ain El Kodirat e o número médio mais elevado (3125) no local de 20 km de Nekhel-Taba.

11.1.1.8. Botões florais

O quadro (13) mostra que o número médio de botões florais mais baixo (170) foi registado no local de Ain El Kodirat e o valor médio mais elevado (2109) foi registado no local de 20 km de Nekhel-Taba.

11.1.1.9. Cobertura da coroa

O quadro (13) mostra que o coberto arbóreo teve o valor médio mais baixo (0,43 m^2) no sítio de Ain El Kodirat e o valor médio mais elevado (2,05 m^2) no sítio a 20 km de Nekhel-Taba.

(22)

Foto (22): Vista de perto de *A. halimus*, mostrando as suas folhas, flores e frutos, no sítio de 50 kmNekhel-Taba, Sinai do Sul.

(23)   (24)

Foto (23): Comunidade pura de *A. halimus*, no sítio de 9 km
Túnel de Nekhel, Sinai do Sul.

Foto (24): Um grande hummocks *A. halimus*, no sítio de 20 km Nekhel-Taba, Sinai do Sul.

11.1.2. Caraterísticas anatómicas

A fotografia (25) mostra que o caule de *A. halimus* é coberto por pêlos multicelulares densos. Estes pêlos são longos ou curtos. O interior do caule jovem em assimilação revela que a célula epidérmica ondulada é constituída por uma única fila de células compactas e permanece com uma cutícula espessa, e que ao longo da epiderme ondulada existem 3 filas de células em paliçada. O córtex é constituído por hipoderme; a hipoderme é constituída por uma camada de células parenquimatosas de paredes finas. Abaixo da hipoderme, existem algumas camadas de clorênquima. Os elementos vasculares formam um anel contínuo de feixes vasculares, separados por 2 ou 3 filas estreitas de raios medulares. O centro do caule é ocupado por uma medula larga.

Por outro lado, as células epidérmicas adaxiais e abaxiais da folha de *A. halimus* estão cobertas por camadas espessas de cutícula. As duas camadas epidérmicas são seguidas por células de clorênquima. O tecido do solo é formado por células parenquimáticas. Além disso, este tecido encontra-se tanto na face adaxial como na face abaxial. Os feixes vasculares bicolaterais constituem as nervuras centrais e as nervuras principais da folha, enquanto os feixes vasculares colaterais constituem as nervuras secundárias. A folha é considerada isobilateral quando o mesofilo é diferenciado em tecido paliçádico superior e inferior e o tecido esponjoso entre eles Foto (26).

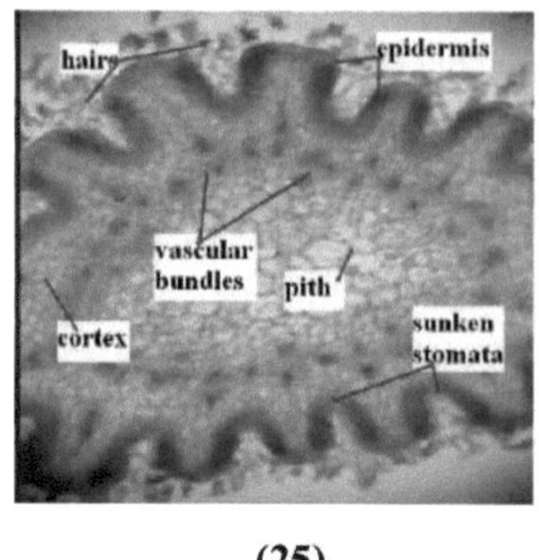

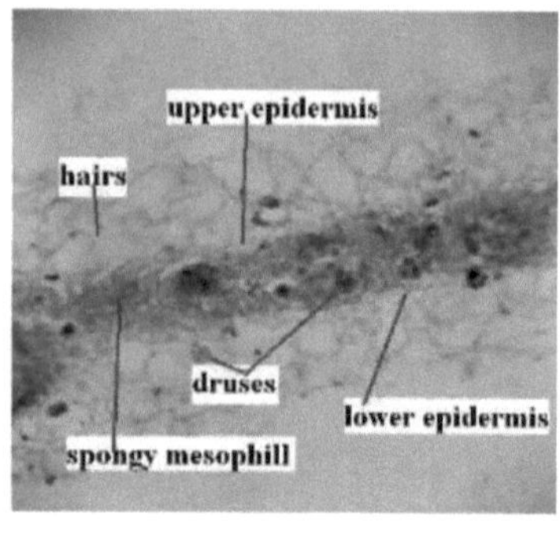

(25)   **(26)**

Foto (25): S.T. em caule de *A. halimus,* crescendo na Península do Sinai.

Ampliação 160 X.

Foto (26): S.T. em folha de *A. halimus,* crescendo na Península do Sinai.

Ampliação 160 X.

11.1.3. Fenologia

O crescimento vegetativo de *A. halimus* ocorreu durante junho e agosto. O período de floração começou no início de setembro e prolongou-se até ao início de novembro, com um período médio de cerca de três meses, como mostra a figura (18). A fase de frutificação estendeu-se desde o início de dezembro até ao final de março, durante um período de cerca de quatro meses. A dispersão das sementes seguiu-se ao período de frutificação e estendeu-se desde o final de março até ao início de junho.

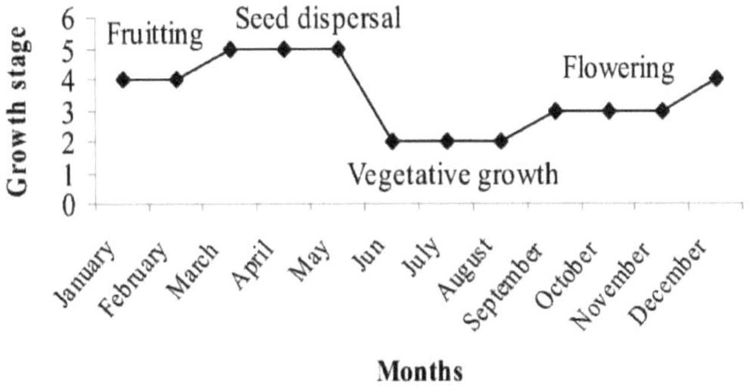

Figura (18): Fases fenológicas de *A. halimus* que crescem na Península do Sinai

.

11.1.4. Caraterísticas ecológicas

11.1.4.1. . Composição florística

A composição florística da comunidade dominada por *A. halimus* incluía trinta e quatro espécies pertencentes a dezoito famílias. As famílias mais caraterísticas foram as Asteraceae (20,59%) representadas por sete espécies, nomeadamente: *Artemisia judaica, Achillea fragrantisma, Echinops spinosissmus, Centaurea aegyptiaca, Launea spinosa, Varthemia montana* e *Achillea santolina.* Zygophyllaceae foi (11,76%) representada por quatro espécies, nomeadamente: *Fagonia arabica, Fagonia mollis, Zygophyllum dumosum* e *Peganum harmala.* Chenopodiaceae foi (11,76%) representada por quatro espécies, nomeadamente: *A. halimus, Salsola kali, Suaeda vermiculata* e *Haloxylon salicornicum.* Bracssicaceae foi (8,82%) representada por três espécies, a saber: *Farsetia aegyptia, Moricandia nitens* e *Zilla spinosa.* Fabaceae foi (5,88%) representada

113

por duas espécies, nomeadamente: *Astragalus sinaica* e *Retama raetam*. Tamaricaceae foi (5,88%) representada por duas espécies: *Reaumuria hirtella* e *Tamarix aphylla*. As restantes famílias (Capparaceae, Cistaceae, Caryophyllaceae, Euphorbiaceae, Globulariaceae, Resedaceae, Nitrariaceae, Lamiaceae, Solanaceae, Plumbaginaceae, Apiaceae e Thymelaceae) foram (35,3%) representadas por uma espécie (Figura 19).

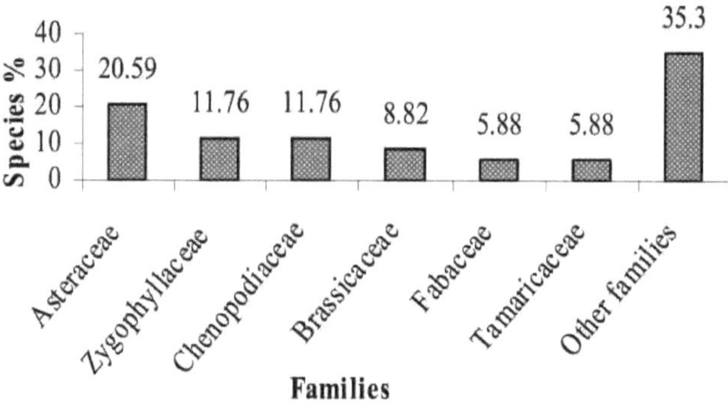

Figura (19): O histograma mostra as famílias de espécies associadas a *A. halimus*, Península do Sinai.

1.1.1.2. . Forma de vida

As espécies registadas associadas a *A. halimus* pertenciam a quatro formas de vida diferentes. A Chamaephyte foi a forma de vida dominante registada (70,59%). Foi representada por vinte e quatro espécies, entre as quais *Artemisia judaica, Ballota undulata, Centaurea aegyptiaca, Fagonia mollis, A. halimus, Helianthemum lippii, Farsetia aegyptia, Gymnocarpos decander* e *Haloxylon salicornicum*. Os fanerófitos (17,65%) incluíam espécies sexuais, nomeadamente *Tamarix aphylla, Thymelaea hirsuta, R. raetam, Ochradenus baccatus,*

Capparis sinaica e *N retusa*. As hemicriptófitas (8,8%) incluíam três espécies, nomeadamente *Echinops spinosissimus, Hyocyamus muticus* e *Peganum harmala*. *Achillea fragrantisma* foi (2,9%) o único Therophyte registado (Figura 20).

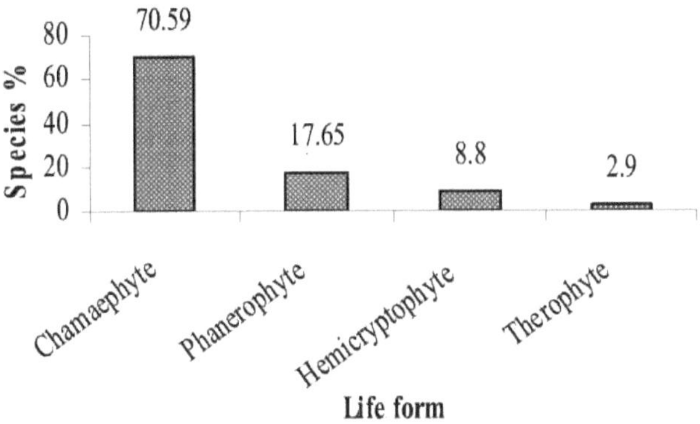

Figura (20): O histograma mostra a forma de vida das espécies associadas a *A. halimus*, na Península do Sinai.

11.1.4.3.. Corologia

Os elementos monoregionais foram (82,35%) representados por vinte e oito espécies; dezanove espécies para o Saraó-Árabe; cinco espécies para o Sudão e duas espécies para o Mediterrâneo e o Irão-Turaniano. **Os elementos bi-regionais** foram (17,65%) representados por seis espécies; três espécies para o Irano-turaniano, Saharo-árabe, duas espécies para o Mediterrâneo, Saharo-árabe e uma espécie para o Saharo-árabe, Sudaniano (Figura 21).

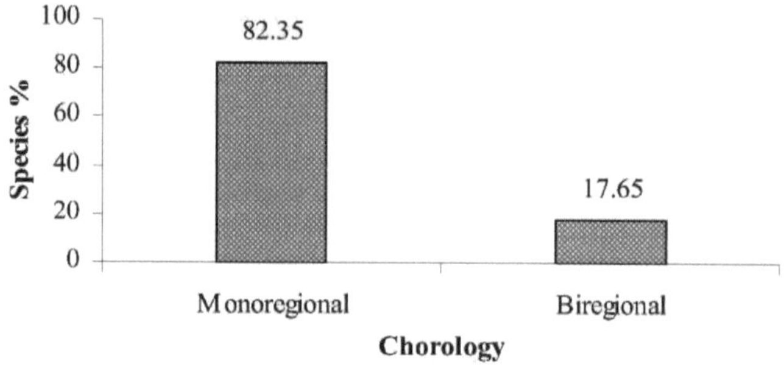

Figura (21): O histograma mostra a corologia das espécies associadas a *A. halimus*, na Península do Sinai.

11.1.4.4.. Análise da vegetação

A análise da vegetação da comunidade dominada por **A. halimus** com base no valor de presença mostra que a dominante foi *A. halimus* com um valor mais elevado P= 100% e IV mais elevado= 84,84. As espécies abundantes foram *Gymnocarpos decander*, *Reaumaria hirtilla*, *Achillea santolina* com valor de presença P= 60% e IVs= 23.29, 15.86 e 15.35 respetivamente. As muito comuns foram sete espécies; estas espécies foram *R. raetam*, *Zygophyllum dumosum*, *Echinops spinosissmus*, *Varthemia Montana*, *Capparis sinaica*, *Moricandia nitens* e *Achillea fragrantisma* com um valor de presença de P= 40% e IV= 14.95, 10.74, 10.42, 8.32, 7.75, 7.17 e 6.17 respetivamente. As espécies comuns foram *Ochradenus baccatus*, *Zilla spinosa*, *Euphorbia retusa*, *Launaea spinosa*, *Salsola kali*, *Haloxylon salicornica*, *Artemisia judaica*, *Thymelaea hirsuta*, *Helianthmum lippii*, *Ballota undulata*, *Fagonia mollis*, *Hyocyamus muticus*, *Centaurea aegyptiaca*, *Deverra tortusa*, *Farsetia aegyptia*,

Limonium axillare, *Suaeda vermiculata*, *Tamarix aphylla*, *Glubolaria*

arabica, *Fagonia arabica*, *Peganum harmalla*, *Astragalus sinaica* e *N. retusa* com valor de presença de P= 20% e IVs= 15.22, 12.29, 9.31, 8.73, 6.69, 5.61, 5.44, 5.14, 4.13, 3.7, 3.5, 3.45, 2.79, 2.51, 2.51, 2.51, 2.5, 1.78, 1.53, 1.36, 1.17, 1.14 e 0.97 respetivamente (Tabela 14).

11.1.5. Propriedades do solo
11.1.5.1. Propriedades físicas
11.1.5.1.1. Textura do solo

Os resultados da análise mecânica do solo (Quadro 15) mostram que o solo que suporta o crescimento de *A. halimus* é (argilo-arenoso) a (argilo-arenoso). A percentagem da **fração de areia** (areia grossa, média e fina) variou entre (89,3%) e (32,2%) no sítio de Ain El Kodirat. O valor médio mais elevado de **areia grossa** (28,6%) foi registado no sítio de Ain El Kodirat, enquanto o seu valor médio mais baixo (3,8%) foi registado no sítio de 9 km Nekhel-Tunnel. O valor médio mais elevado de **areia média** (52,4%) foi registado no local de 9 km de Nekhel-Tunnel, enquanto o seu valor médio mais baixo (6,4%) foi registado no local de Ain El Kodirat. O valor médio mais elevado de **areia fina** (65,2%) foi registado no local a 20 km de Nekhel-Taba e o seu valor médio mais baixo (17,5%) foi registado no local a 20 km de Nekhel-Taba. **O silte e a argila** atingiram o seu valor médio mais elevado (55,6%) no local de Gebel El Maghara e o seu valor médio mais baixo (7,3%) foi registado na camada subsuperficial (20-40 cm) no local de 9 km de Nekhel-Tunnel. **A** partir dos resultados acima referidos, o solo era de textura arenosa, **o cascalho** tinha um valor médio mais elevado (36%) registado na camada superficial (0-20 cm) no local de Ain El Kodirat, e o seu valor médio mais baixo (1,0%) foi registado na camada superficial (0-20 cm) em 20 km Nekhel-Taba.

11.1.5.1.2. Teor de humidade (M.C %)

O teor de humidade do solo descrito no (Quadro 15) mostra que o valor médio mais elevado (4,45%) foi registado na camada subsuperficial (20-40 cm) no local de 9 km Nekhel-Tunnel durante a estação húmida, enquanto o seu valor médio mais baixo (0,25%) foi registado nas camadas superficiais (0-20 cm) no local de Gebel El Maghara. Na estação seca, o valor médio mais elevado (1,78%) foi registado na camada subsuperficial (20-40 cm) no local de 9 km Nekhel-Tunnel durante a estação húmida, enquanto o seu valor médio mais baixo (0,1%) foi registado nas camadas subsuperficiais (20-40 cm) no local de Ain El Kodirat.

11.1.5.2. Propriedades químicas

11.1.5.2.1. Reação do solo (pH)

A reação do solo teve um valor médio mais elevado (8,22) registado na camada subsuperficial (20-40 cm) em Ain El Kodirat, enquanto o seu valor médio mais baixo (7,13) foi registado na camada superficial (0-20 cm) em 9 km de Nekhel-Tunnel (Quadro 15).

11.1.5.2.2. Condutividade eléctrica (C.E.)

A Tabela (15) mostra que a condutividade eléctrica do solo que suporta o crescimento de *A. halimus* atingiu o seu valor médio mais elevado (39 ds^{-1}/cm) foi registado na camada superficial (0-20 cm) no local de 9 km Nekhel-Tunnel, enquanto o seu valor médio mais baixo (0,35 ds^{-1}/cm) foi registado na camada subsuperficial (20-40 cm) no local de 20 km Nekhel-Taba.

11.1.5.2.3. Aniões solúveis em água (Cl^- e SO_4^{--})

Os resultados apresentados na (Tabela 15) mostram que a maior concentração de iões **cloreto** solúveis (63 meq/L) foi registada na camada superficial (0-20 cm) no local de Ain El Kodirat, enquanto o seu valor médio mais baixo (2,0 meq/L) foi registado na camada subsuperficial (20-40 cm) no local de 20 km Nekhel-Taba. Os iões de **sulfatos** solúveis atingiram (81,1 meq/L) o valor médio mais elevado registado na camada superficial (0-20 cm) no local de 9 km Nekhel-Tunnel, enquanto o seu valor médio mais baixo (4,16 meq/L) foi registado na camada superficial (0-20 cm) no local de 20 km Nekhel-Taba.

11.1.5.2.4. Catiões solúveis em água (Ca^{++}, Mg^{++}, Na^+ e K)$^+$

Os iões de cálcio solúveis atingiram o seu valor médio mais elevado (43 meq/L) na camada superficial (0-20 cm) no local de 9 km de Nekhel-Tunnel, enquanto o seu valor médio mais baixo (3,1 meq/L) foi registado na camada superficial (0-20 cm) no local de 20 km de Nekhel-Taba. Os iões **de magnésio** atingiram o seu valor médio mais elevado (33 meq/L) na camada subsuperficial (20-40 cm) no local de 9 km de Nekhel-Tunnel, enquanto o seu valor médio mais baixo (0,5 meq/L) foi registado na camada superficial (0-20 cm) no local de 20 km de Nekhel-Taba. Os iões **de sódio** são o principal catião solúvel no solo que suporta o crescimento de *A. halimus* atingido (152 meq/L) foi registado na camada superficial (0-20 cm) no local de 9 km Nekhel-Tunnel como um valor mais alto, e o seu valor médio mais baixo (1,57 meq/L) foi registado na camada subsuperficial (20-40 cm) no local de 20 km Nekhel- Taba. Os iões **de potássio** atingidos (13,9 meq/L) foram registados na camada superficial (0-20 cm) no local de 9 km Nekhel-Tunnel como um valor médio mais elevado, enquanto o seu valor médio mais baixo (0,44 meq/L) foi registado na camada superficial (0-20 cm) no local de 50 km Nekhel-Taba e na camada subsuperficial (20-40 cm) no local de 20 km Nekhel-Taba (Tabela 15).

11.1.5.2.5. Carbonato de cálcio (CaCO$_3$ %)

O A. halimus cresce em solos com uma percentagem média de carbonato de cálcio. O valor médio mais elevado (68%) foi registado na camada superficial (0-20 cm) no local de 9 km Nekhel-Tunnel, enquanto o valor médio mais baixo (6,8%) foi registado na camada subsuperficial (2040 cm) no local de Ain El Kodirat (Quadro 15).

11.1.5.2.6. Carbono orgânico (O.C %)

Os solos que suportam o crescimento de *A. halimus* eram muito pobres em teor de carbono orgânico. A percentagem de carbono orgânico atingida (0,09%) como valor médio mais elevado foi registada na camada superficial (0-20) no sítio de 9 km Nekhel-Tunnel, enquanto o seu valor médio mais baixo (0,05%) foi registado no sítio de Gebel El Maghara (Quadro 15).

11.1.6. Valores nutritivos das plantas
11.1.6.1. Percentagem de cinzas

A tabela (16) mostra que o valor médio mais elevado durante a estação húmida (37%) foi registado no local de 9 km Nekhel-Tunnel, enquanto o valor médio mais baixo (25%) foi registado no local de Ain El Kodirat. Na estação seca, o valor médio mais elevado (27%) foi registado no local de 9 km Nekhel-Tunnel, enquanto o valor médio mais baixo (12,5%) foi registado no local de Ain El Kodirat.

11.1.6.2. Fibra bruta (C.F %)

O quadro (16) mostra que o valor médio mais elevado durante a estação húmida (27,5%) foi registado no local de 20 km Nekhel-Taba, enquanto o valor médio mais baixo (14,5%) foi registado no local de Gebel El Maghara. Na estação seca, o valor médio mais elevado de fibra bruta (19,5%) foi registado no local de 20 km de Nekhel-Taba, enquanto o valor médio mais baixo (11,5%) foi registado no local de Gebel El Maghara.

11.1.6.3. Suculência %

A suculência das partes das plantas foi influenciada pela quantidade de água disponível no solo. O quadro (16) mostra que o valor médio mais elevado durante a estação húmida (39,6%) foi registado no local de 9 km Nekhel-Tunnel, enquanto o valor médio mais baixo (21,5%) foi registado no local de Ain El Kodirat. Na estação seca, o valor médio mais elevado (27%) foi registado no local de 9 km de Nekhel-Tunnel, enquanto o valor médio mais baixo (11,8%) foi registado no local de Ain El Kodirat.

11.1.6.4. Azoto total (T.N %)

A tabela (16) mostra que o valor médio mais elevado durante a estação húmida (5,49%) foi registado no local de 20 km Nekhel-Tunnel, enquanto o valor médio mais baixo (5,1%) foi registado no local de Gebel El Maghara. Na estação seca, o valor médio mais elevado (5,42%) foi registado no local de Gebel El Maghara, enquanto o valor médio mais baixo (5,14%) foi registado nos locais de Gebel El Maghara e 20 km Nekhel-Tunnel.

11.1.6.5. Proteína bruta (C.P %)

A tabela (16) mostra que o valor médio mais elevado durante a estação húmida (34,3%) foi registado no local de 20 km Nekhel-Tunnel, enquanto o valor médio mais baixo (31,88%) foi registado no local de Gebel El Maghara. Na estação seca, o valor médio mais elevado (33,9%) foi registado no local de Gebel El Maghara, enquanto o valor médio mais baixo (32,13%) foi registado nos locais de Gebel El Maghara e 20 km Nekhel-Tunnel.

11.1.6.6. Proteína bruta digestível (D.C.P %)

O quadro (16) mostra que o valor médio mais elevado durante a estação húmida (28,4%) foi registado no local de 20 km Nekhel-Tunnel, enquanto o valor médio mais baixo (26,1%) foi registado no local de Gebel El Maghara. Na estação seca, o valor médio mais elevado (28%) foi registado no local de Gebel El Maghara, enquanto o valor médio mais baixo (26,4%) foi registado nos locais de Gebel El Maghara e 20 km Nekhel-Tunnel.

11.1.6.7. Azoto digerível total (T.D.N %)

O quadro (16) mostra que o valor médio mais elevado durante a estação húmida foi detectado pela parte pastável de *A. halimus* (74%), registada no local de Gebel El Maghara. O teor mais baixo de TDN (70,1%) foi registado no local de 20 km de Nekhel-Tunnel. Na estação seca, o valor médio mais elevado (75,2%) foi registado no local de Gebel El Maghara. O valor médio mais baixo (73%) foi registado no local a 20 km de Nekhel-Tunnel.

Tabela (13): Valores médios dos parâmetros morfológicos de *A. halimus* crescendo nos locais estudados.

Morphological measurements	Season	Ain El Kodirat	Gebel El Maghara	5 Km Nekhel-Tunnel	20 Km Nekhel-Taba	50 Km Nekhel-Taba
Hieght (m)	Wet	61	14.7	71	136	130
	Dry	67	20	77	143	140
No. of main branch/plant	Wet	6	1	5	16	15
	Dry	8	1	7	21	19
No. of lateral branch/plant	Wet	80	52	80	139	132
	Dry	90	60	94	160	156
No. of leaves/plant	Wet	1125	1281	3837	5417	5340
	Dry	1257	1350	4248	5360	5360
No. of flower buds/plant	Wet	00	00	00	00	00
	Dry	170	1403	1032	2109	2100
No. of flowers/plant	Wet	00	00	00	00	00
	Dry	717	2186	1106	3125	3112
Crown cover (m^2)	Wet	0.43	0.126	0.89	2.05	2.01
	Dry	0.48	0.144	0.95	2.01	1.98
Leaf area (cm^2)	Wet	1.22	1.26	1.91	1.67	1.56
	Dry	1.33	1.28	1.97	1.72	1.65
Leaf length (cm)	Wet	1.95	0.4	2.33	2.47	2.37
	Dry	2.02	0.5	2.38	2.57	2.37

Tabela (14): Valor de importância (em 300) e presença (P %) das espécies perenes associadas a *A. halimus*.

Considerando que: (1= Ain El Godirat; 2= Gebel El Maghara; 3= 9 km Nekhel-Tunnel; 4= 20 km Nekhel-Taba e 5= 50 km Nekhel-Taba). P % = Percentagem de presença, XIV = Média do valor importante

No	Species	Site No					XIV	P %
		1	**2**	**3**	**4**	**5**		
	A) Dominant species							
1	*Atriplex halimus*	53.6	41.63	88.97	129.8	110.2	84.84	100
	B) Associate Sp. (Perrenials)							
2	*Achillea fragrantissma*	-	-	13.34	-	17.49	6.17	40
3	*Achillea santolina*	-	23.34	12.02	-	41.4	15.35	60
4	*Artemisia judaica*	-	27.22	-	-	-	5.44	20
5	*Astragalus spinosus*	5.68	-	-	-	-	1.14	20
6	*Ballota undulata*	18.48	-	-	-	-	3.7	20
7	*Capparis sinaica*	30.95	-	7.8	-	-	7.75	40
8	*Centaurea aegyptiaca*	-	-	-	-	13.93	2.79	20
9	*Deverra tortusa*	12.54	-	-	-	-	2.51	20
10	*Echinops spinosissmus*	26.9	25.2	-	-	-	10.42	40
11	*Euphorbia retusa*	-	-	-	-	46.33	9.31	20
12	*Fagonia arabica*	-	-	6.82	-	-	1.36	20
13	*Fagonia mollis*	17.49	-	-	-	-	3.5	20
14	*Farsetia aegyptia*	-	12.53	-	-	-	2.51	20
15	*Glubolaria arabica*	-	7.64	-	-	-	1.53	20
16	*Gymnocarpos decander*	21.41	20.42	14.61	-	-	23.29	60

17	*Haloxylon salicornicum*	-	-	-	-	28.05	5.61	20
18	*Helianthmum lippii*	-	20.67	-	-	-	4.13	20
19	*Hyocyamus muticus*	-	-	17.23	-	-	3.45	20
20	*Launea spinosa*	-	30.33	-	-	13.32	8.73	20
21	*Limonium axelaier*	-	12.53	-	-	-	2.51	20
22	*Moricandia nitens*	7.25	28.58	-	-	-	7.17	40
23	*Nitraria retusa*	4.85	-	-	-	-	0.97	20
24	*Ochradenus baccatus*	-	-	-	76.1	-	15.22	20
25	*Peganum harmala*	-	-	5.84	-	-	1.17	20
26	*Reaumaria hirtella*	21.46	-	24.12	29.19	-	15.86	60
27	*Retama raetam*	-	-	34.47	64.62		14.95	40
28	*Salsola kali*	-	-	33.43	-	-	6.69	20
29	*Suaeda vermiculata*	12.52	-	-	-	-	2.5	20
30	*Tamarix aphylla*	-	-	8.92	-	-	1.78	20
31	*Thymelaea hirsuta*	25.68	-	-	-	-	5.14	20
32	*Varthemia montana*	14.67	26.92	-	-	-	8.32	40
33	*Zilla spinosa*	-	-	32.43	-	29.03	12.29	20
34	*Zygophyllum dumosum*	30.69	22.99	-	-	-	10.74	40

Tabela (15): Valores médios das propriedades do solo que suportam o crescimento de *A. halimus* em diferentes locais.

Considerando que: (G= Cascalho, F.G= Cascalho fino, C.S= Areia grossa, M.S= Areia média, F.S= Areia fina, E.C= Coductividade eléctrica e O.C= Carbono orgânico).

| Site | Profile depth (cm) | Physical properties | | | | | | | | Moisture % | | Chemical properties | | | | | | | | Ca CO₃ % | O.C % |
| | | Soil fraction % | | | | | | | | | | pH | E.C ds⁻¹/cm | Cation and Anion (meq/L) | | | | | | | |
		G	F.G	C. S	M.S	F.S	Silt	Clay	Texture	Wet	Dry			Na^+	K^+	Ca^{++}	Mg^{++}	Cl^-	SO_4^-		
Ain El Kodirat	0- 20	24.3	11.7	8.2	6.4	17.6	7.1	24.7	S. loam	2.71	1.1	7.76	7	78.3	1.4	40	6	63	9.16	40	0.08
	20-40	0	1.5	28.6	36.6	24.1	3.5	5.7	Sandy	1.86	0.1	8.22	4.52	69.7	1.71	32	20	39	15.8	6.8	0.06
Gebel El Maghara	0-30	5.6	5.7	6.9	7.8	18.4	9.7	45.9	S. clay	0.25	0.4	7.77	7	2.65	0.39	4	1	4.5	9.39	18	0.05
9 km Nekhel-Tunnel	0-20	3.7	3.1	9.1	52.4	19.6	5.7	6.4	Sandy	3.94	1.78	7.13	39	152	13.9	43	30	27	81.1	68	0.09
	20-40	2.7	2.5	27.6	42.4	17.5	1.8	5.5	Sandy	4.45	0.94	7.46	3.95	82.6	0.8	21	33	36	12.3	64	0.08
20 km Nekhel-Taba	0-20	0.4	0.6	3.8	7.7	65.2	4.8	17.5	S. loam	1.21	0.36	7.41	0.42	7.39	0.45	3.1	2	3.5	4.16	48	0.09
	20-40	0.4	17.2	15.6	17.3	36.4	3	10.1	L. sand	0.88	0.41	7.33	0.35	1.57	0.44	3.5	0.5	2	3.12	56	0.08
50 km Nekhel-Taba	0-20	3.8	0.8	3.8	7.9	65	4.4	17.7	S. loam	1.23	0.38	7.4	0.44	7.4	0.44	3.4	2.1	3.6	4.18	49	0.08
	20-40	4.14	17.6	15.6	15.2	36.1	2.8	10.3	L. sand	0.9	0.4	7.35	0.36	1.58	0.46	3.6	0.52	2.2	3.14	58	0.07

Tabela (16): Valores nutritivos médios de *A. halimus* cultivado em diferentes locais.

Site	Season	Ash %	Crude Fiber %	Succulence %	Nitrogen %	Crude Protein %	Digestible Crude Protein %	Total Digestible Nitrogen %
Ain El Kodirat	Wet	25	23	21.5	5.21	32.56	26.8	71.1
	Dry	12.5	17	11.8	5.14	32.13	26.4	73.1
Gebel El Maghara	Wet	35	14.5	30.9	5.1	31.88	26.1	74
	Dry	27	11.5	25.6	5.14	32.13	26.4	75.2
9 km Nekhel-Tunnel	Wet	37	18.5	39.6	5.42	33.9	28	73.4
	Dry	40	13.5	27	5.28	33	27.17	74.9
20 km Nekhel-Taba	Wet	30	27.5	35.8	5.49	34.3	28.4	70.1
	Dry	25	19.5	22.1	5.42	33.9	28	73
50 km Nekhel-Taba	Wet	40	17.5	36.2	5.28	33	27.17	73.3
	Dry	30	15	20.1	5.14	32.13	26.4	73.9

11.2. *Juncus rigidus* Desf., Fl. Atlant.

11.2.1. Caraterísticas morfológicas

11.2.1.1. Altura

O quadro (17) mostra que a altura com o valor médio mais baixo (75 cm) foi registada no local de Ayon Musa e o valor médio mais alto (110 cm) foi registado no local de El Sheikh Zuwaied.

11.2.1.2. Número de caules

O quadro (17) mostra que o número médio de caules mais baixo (245) foi registado no sítio de El Sheikh Zuwaied e o número médio mais elevado (1372) foi registado no sítio de Ain El Kodirat.

II.2.1.3. Número de picos

O quadro (17) mostra que o número de espigas com o número médio mais baixo (zero) foi registado nos locais de Ain El Kodirat e El Sheikh Zuwaied; enquanto o número médio mais elevado (4) foi registado no local de Ayon Musa.

II.2.1.4. Número de espiguetas

O quadro (17) mostra que o número médio de espiguetas mais baixo (zero) foi registado nos sítios de Ain El Kodirat e El Sheikh Zuwaied; enquanto o número médio mais elevado (9) foi registado no sítio de Ayon Musa.

1.1.1.5. . Números de flores

O quadro (17) mostra que o número de flores registou o número médio mais baixo (474) no sítio de El Sheikh Zuwaied e o número médio mais elevado (12398) no sítio de Ain El Kodirat.

1.1.1.6. . Comprimento do colmo

O quadro (17) mostra que o valor médio mais baixo dos botões florais (28 cm) foi registado no sítio de El Sheikh Zuwaied e o valor médio mais elevado (76 cm) foi registado no sítio de Ain El Kodirat.

1.1.1.7. . Tampa da coroa

O quadro (17) mostra que o coberto arbóreo teve o valor médio mais baixo (0,56 m^2) no sítio de Ayon Musa e o valor médio mais elevado (2,51 m^2) no sítio de Ain El Kodirat.

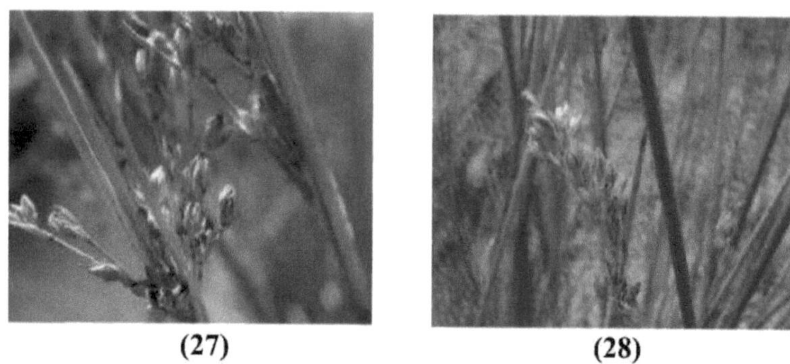

(27)   (28)

Foto (27): Vista de perto de *J. rigidus*, mostrando os seus espinhos, em El

Sheikh Zuwaied, Sinai do Norte.

Foto (28): Vista de perto de *J. rigidus*, mostrando os seus espinhos, em Ayon Musa, Sinai do Sul.

(29)   **(30)**

Foto (29): Vista de perto de *J. rigidus*, mostrando os seus novos rebentos,em El Sheikh Zuwaied, Sinai do Norte.

Foto (30): Vista de perto de *J. rigidus*, mostrando os seus espinhos, em El Sheikh Zuwaied, Sinai do Norte.

(31)

Foto (31): Uma comunidade de *J. rigidus* associada a *Tamarix nilotica* e *phragmites australis*, em Ayon Musa, no Sul do Sinai.

11.2.2. Caraterísticas anatómicas

Os caules de *J. rigidus* são de contorno circular na secção transversal (Foto 35). A epiderme da planta apresenta pequenas células epidérmicas lignificadas compactas, sem pêlos, com um número de estomas dispersos em depressões pouco profundas. Sob os estomas existe uma câmara estomática, caracterizada pela presença de 5 a 6 filas de células em paliçada. Entre as células paliçadas existem lotes de fibras sob as células epidérmicas, seguidos por células compactas celulósicas finas que contêm clorofila (clorênquima), seguidas por um anel completo de fibras que encerram feixes vasculares imaturos, enquanto o tecido do solo apresenta um xilema normal em forma de monocotiledónea (em forma de Y). O feixe é envolvido por uma bainha lignificada, enquanto os tecidos do solo têm principalmente uma parede celulósica fina, exceto as células de transição situadas entre o anel de fibras e os tecidos do solo.

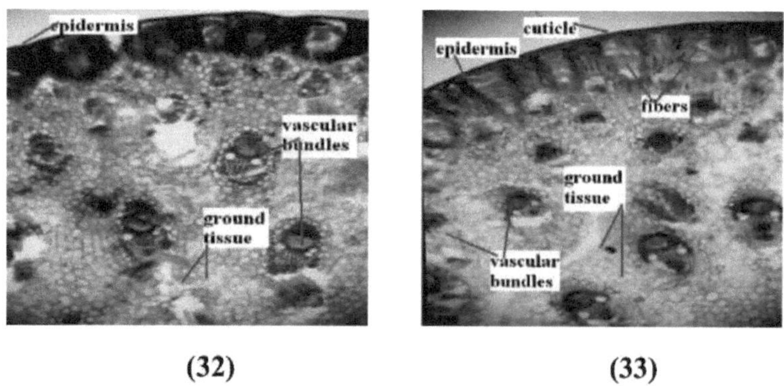

Foto (32): S.T. em caule de *J. rigidus* crescendo no sítio de El Sheikh Zuwaied, Península do Sinai. Ampliação 160 X.

Foto (33): T.S. em caule de *J. rigidus* crescendo no sítio de Ayon Musa, Península do Sinai. Ampliação 160 X.

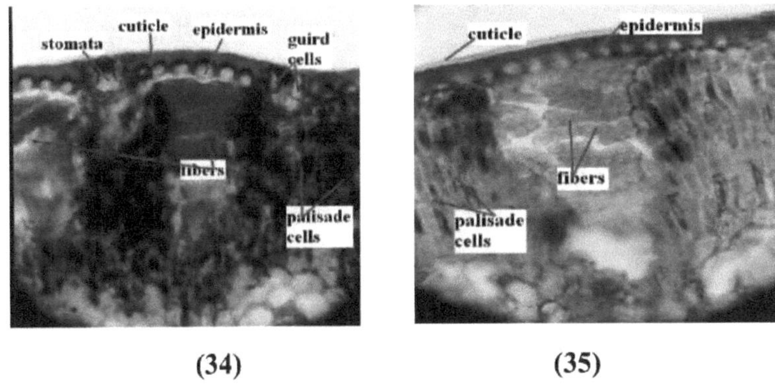

(34)   (35)

Foto (34): T.S. mostrando os estomas afundados no caule de *J. rigidus*, crescendo em Ayon Musa, Península do Sinai; Ampliação 260X.

Foto (35): S.T. mostrando as fibras no caule de *J. rigidus*, crescendo em El Sheikh Zuwaied, Península do Sinai; Ampliação 260 X.

11.2.3. Fenologia

Como mostra a figura (22), o crescimento vegetativo de *J. rigidus* estende-se ao longo de todo o ano, especialmente de dezembro a fevereiro, enquanto a fase de floração começa no início de março até ao final de junho, com um período médio de cerca de três meses. A fase de frutificação estende-se do início de junho ao final de agosto, por um período de cerca de três meses, enquanto a dispersão de sementes segue o período de frutificação e se estende do início de agosto ao início de novembro. Algumas florações e frutificações acidentais podem ocorrer nos meses de outono.

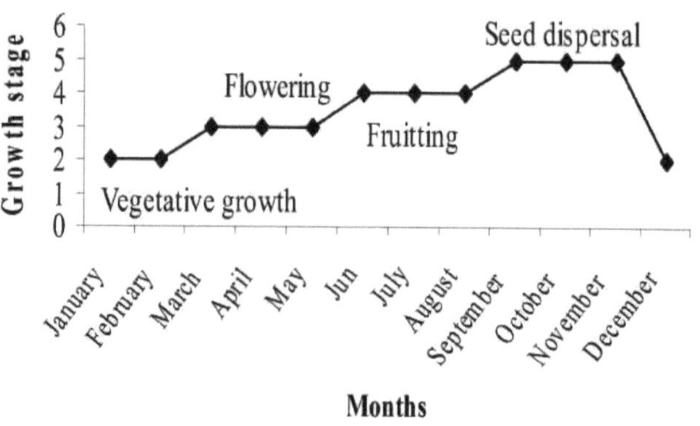

Figura (22): Fases fenológicas de *J. rigidus* na Península do Sinai.

11.2.4. Caraterísticas ecológicas

1.1.1.1. . Composição florística

A composição florística da comunidade dominada por *J. rigidus* incluiu dez espécies pertencentes a oito famílias. As famílias mais caraterísticas foram Chenopodiaceae registada (20%) representada por duas espécies *Arthrocnemum macrostachyum* e *Suaeda vermiculata*. Tamaricaceae foi (20%) representada por duas espécies, *Tamarix aphylla* e *Tamarix nilotica*. Cada uma das restantes famílias (Zygophyllaceae, Juncaceae, Fabaceae, Poaceae, Convolvulaceae e Typhaceae) foi (60%) representada por uma espécie (Figura 23).

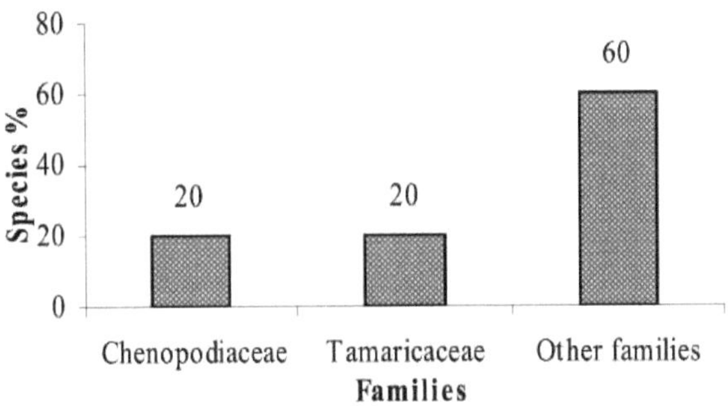

Figura (23): O histograma mostra as famílias de espécies associadas a *J. rigidus*, na Península do Sinai.

1.1.1.2. . Forma de vida

As espécies registadas associadas a *J. rigidus* pertenciam a quatro formas de vida diferentes. A hemicriptófita foi a forma de vida dominante registada (40%), representada por quatro espécies, nomeadamente: *Alhagi graecorum, Cressa cretica, Phragmites australis* e *J. rigidus*. A Chamaephyte foi (40%) representada por três espécies, nomeadamente: *Arthrocnemum macrostachyum, Suaeda vermiculata* e *Zygophyllum album*. O fanerófito foi (20%) representado por duas espécies, nomeadamente: *Tamarix aphylla* e *Tamarix nilotica*. *Typha domingensis* foi (10%) a única Helófita (Figura 24).

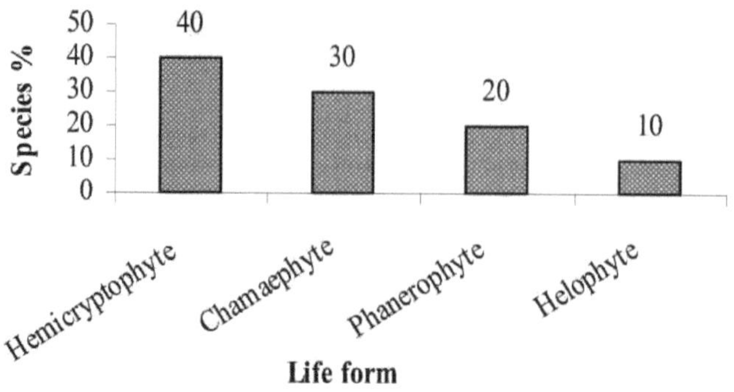

Figura (24): O histograma mostra a forma de vida das espécies associadas

a *J. rigidus*, na Península do Sinai.

1.1.1.3. . Corologia

Os elementos monoregionais foram (40%) representados por quatro espécies; três espécies eram saharo-árabes e uma espécie era sudanesa. **Os elementos bi-regionais** foram (40%) representados por quatro espécies; três espécies para o Mediterrâneo, Irano-turaniano e uma para o Mediterrâneo, Saraico-árabe. **Os elementos pluri-regionais** foram (20%) representados por duas espécies (figura 25).

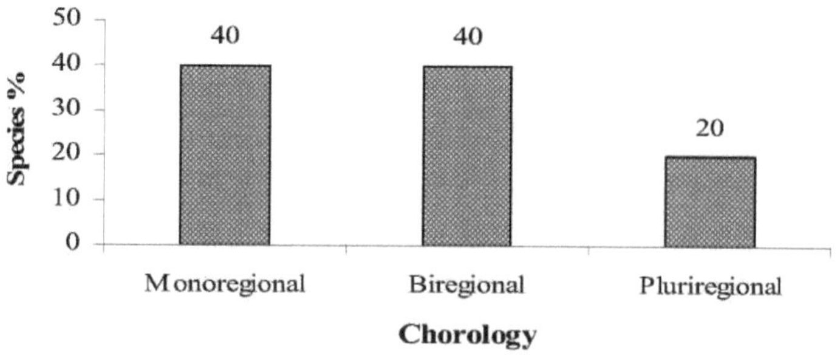

Figura (25): O histograma mostra a corologia das espécies associadas

a *J. rigidus*, na Península do Sinai.

1.1.1.4. . Análise da vegetação

A análise da vegetação da comunidade dominada por *J. rigidus* (Tabela 18) mostra que a espécie dominante foi *J. rigidus* com um valor de presença mais elevado, P= 100% e IV mais elevado= 195,9. *Tamarix nilotica*, *Tamarix aphylla* e *Phragmites australis* foram as espécies co-dominantes com um valor de presença P= 66,7% e IVs= 22,66, 16,95 e 11,21 respetivamente. As espécies muito comuns foram *Arthrocnemum macrostachyum*, *Typha domingensis*, *Suaeda vermiculata*, *Alhagi graecorum*, *Cressa cretica* e *Zygophyllum album*, com um valor de presença de P= 66,7% e IVs= 16,68, 14,76, 9,64, 7,33, 6,43 e 3,33, respetivamente.

11.2.5. Propriedades do solo

11.2.5.1. Propriedades físicas

11.2.5.1.1. Textura do solo

Os resultados da análise mecânica do solo (quadro 19) mostram que o solo que suporta o crescimento de *J. rigidus* é argilo-arenoso. A percentagem de **fração de areia** (areia grossa, média e fina) variou entre (65,8%) no sítio de Ayon Musa e (32,3%) no sítio de Ain El Kodirat. O valor médio mais elevado de **areia grossa** (14,8%) foi registado no sítio de Ain El Kodirat, enquanto o seu valor médio mais baixo (0,2%) foi registado no sítio de Ayon Musa. O valor médio mais elevado de **areia média** (30,6%) foi registado no sítio de El Sheikh Zuwaied, enquanto o seu valor médio mais baixo (9,6%) foi registado no sítio de Ain El Kodirat. O valor médio mais elevado de **areia fina** (55,2%) foi registado no sítio de Ayon Musa, e o seu valor médio mais baixo (7,9%) foi registado no sítio de Ain El Kodirat. O valor médio mais elevado de **silte e argila** (48,2%) foi registado na camada subsuperficial (2040 cm) no sítio de Ain El Kodirat, e o valor médio mais baixo (21,2%) foi registado na camada superficial (0-20 cm) no sítio de El Sheikh Zuwaied.

11.2.5.1.2. Teor de humidade (M.C %)

O teor de humidade do solo descrito no (Quadro 19) mostra que o valor médio mais elevado (59,1%) foi registado na camada subsuperficial (20-40 cm) no local de El Sheikh Zuwaied durante a estação húmida, enquanto o seu valor médio mais baixo foi (15,3%) registado nas camadas superficiais (0-20 cm) no local de Ain El Kodirat. Na estação seca, o valor médio mais elevado (57,7%) foi registado na camada subsuperficial (20-40 cm) no sítio de El Sheikh Zuwaied, enquanto o seu valor médio mais baixo (10,8%) foi registado nas camadas subsuperficiais (0-20 cm) no sítio de Ain El Kodirat.

11.2.5.2. Propriedades químicas

11.2.5.2.1. Reação do solo (pH)

A reação do solo teve um valor médio mais elevado (7,8) registado na camada subsuperficial (20-40 cm) no local de Ayon Musa, enquanto o valor médio mais baixo (7,05) foi registado na camada superficial (0-20 cm) em El Sheikh Zuwaied (Quadro 19).

11.2.5.2.2. Condutividade eléctrica (C.E.)

A Tabela (19) mostra que a condutividade eléctrica do solo que suporta o crescimento de *J. rigidus* atingiu o seu valor médio mais elevado (12 ds^{-1}/cm) foi registado na camada superficial (0-20 cm) em El Sheikh Zuwaied, enquanto o seu valor médio mais baixo (2 ds^{-1}/cm) foi registado na camada subsuperficial (20-40 cm) no local de Ain El

Kodirat.

11.2.5.2.3. Aniões solúveis em água (Cl^ e SO4")

Os resultados apresentados na (Tabela 19) mostram que a concentração média mais elevada de iões **cloreto** solúveis (85 meq/L) foi registada na camada subsuperficial (20-40 cm) no local de El Sheikh Zuwaied, enquanto o seu valor médio mais baixo (11 meq/L) foi registado na camada subsuperficial (20-40 cm) no local de Ain El Kodirat. Os iões de **sulfatos** solúveis atingiram (200 meq/L) o valor médio mais elevado registado na camada superficial (0-20 cm) no local de El Sheikh Zuwaied, enquanto o valor médio mais baixo (15 meq/L) foi registado na camada subsuperficial (20-40 cm) em Ain El Kodirat.

11.2.5.2.4. Catiões solúveis em água (Ca^{++} , Mg^{++} , Na^+ e K)$^+$

A Tabela (19) indica que os iões **de cálcio** solúveis nos habitats estudados atingiram o seu valor médio mais elevado (36 meq/L) na camada superficial (0-20 cm) no local de El Sheikh Zuwaied, enquanto o seu valor médio mais baixo (4,5 meq/L) foi registado na camada superficial (0-20 cm) no local de Ain El Kodirat. Os iões **de magnésio** atingiram o seu valor médio mais elevado (47 meq/L) na camada superficial (0-

20 cm) no local de Ain El Kodirat, enquanto o seu valor médio mais baixo (5,5 meq/L) foi registado na camada subsuperficial (20-40 cm) no local de Ain El Kodirat. **O ião sódio** é o principal catião solúvel no solo que suporta o crescimento de *J. rigidus* e atingiu o valor mais elevado (187 meq/L) registado na camada superficial (0-20 cm) no local de El Sheikh Zuwaied, enquanto o valor médio mais baixo (34,8 meq/L) foi registado na camada subsuperficial (20-40 cm) no local de Ain El

Kodirat. A concentração de iões **de potássio** atingiu o valor médio mais elevado (4,36 meq/L) na camada superficial (0-20 cm) no local de Ayon Musa, enquanto o valor médio mais baixo (0,54 meq/L) foi registado na camada subsuperficial (20-40 cm) no local de Ain El Kodirat.

11.2.5.2.5. Carbonato de cálcio (CaCO3 %)

O J. rigidus cresce em solos com uma percentagem média de carbonato de cálcio. O valor médio mais elevado (56%) foi registado na camada superficial (0-20 cm) no sítio de Ain El Kodirat, enquanto o valor médio mais baixo (12%) foi registado na camada superficial (0-20 cm) no sítio de Ayon Musa (Quadro 19).

11.2.5.2.6. Carbono orgânico (O.C %)

Os solos que suportam o crescimento da planta *J. rigidus* eram muito pobres em teor de carbono orgânico. A percentagem de carbono orgânico atingiu (0,1%) como valor médio mais elevado registado na camada superficial (0-20) no sítio de El Sheikh Zuwaied, enquanto o seu valor médio mais baixo (0,05%) foi registado na subsuperfície no sítio de Ayon Musa (Quadro 19).

11.2.6. Valores nutritivos das plantas
11.2.6.1. Percentagem de cinzas

O quadro (20) mostra que o valor médio mais elevado durante a estação húmida (40%) foi registado no sítio de Ain El Kodirat, enquanto o valor médio mais baixo (22,5%) foi registado no sítio de El Sheikh Zuwaied. Na estação seca, o valor médio mais elevado (30%) foi registado no local de Ain El Kodirat, enquanto o valor médio mais baixo (15%) foi registado no local de El Sheikh Zuwaied.

11.2.6.2. Fibra bruta (C.F %)

O quadro (20) mostra que o valor médio mais elevado durante a estação húmida (22,5%) foi registado no sítio de Ain El Kodirat, enquanto o valor médio mais baixo (16%) foi registado no sítio de El Sheikh Zuwaied. Na estação seca, o valor médio mais elevado (17%) foi registado no local de Ain El Kodirat, enquanto o valor médio mais baixo (12,5%) foi registado no local de El Sheikh Zuwaied.

11.2.6.3. Suculência %

O quadro (20) mostra que o valor médio mais elevado durante a estação húmida (37,3%) foi registado no sítio de Ain El Kodirat, enquanto o valor médio mais baixo (29%) foi registado no sítio de Ayon Musa. Na estação seca, o valor médio mais elevado (31,2%) foi registado no sítio de Ain El Kodirat, enquanto o valor médio mais baixo (26,6%) foi registado no sítio de Ayon Musa.

11.2.6.4. Azoto total (T.N %)

O quadro (20) mostra que o valor médio mais elevado durante a estação húmida (5,49%) foi registado no sítio de Ain El Kodirat, enquanto o valor médio mais baixo (5,14%) foi registado no sítio de El Sheikh Zuwaied. Na estação seca, o valor médio mais elevado (5,28%) foi registado no local de Ain El Kodirat, enquanto o valor médio mais baixo (0,6%) foi registado no local de El Sheikh Zuwaied.

11.2.6.5. Proteína bruta %

O quadro (20) mostra que o valor médio mais elevado durante a estação húmida (34,3%) foi registado no sítio de Ain El Kodirat, enquanto o valor médio mais baixo (32,13%) foi registado no sítio de

El Sheikh Zuwaied. Na estação seca, o valor médio mais elevado (33%) foi registado no sítio de Ain El Kodirat, enquanto o valor médio mais baixo (31,88%) foi registado no sítio de El Sheikh Zuwaied.

11.2.6.6. Proteína bruta digestível (D.C.P %)

O quadro (20) mostra que o valor médio mais elevado durante a estação húmida (28,4%) foi registado no sítio de Ain El Kodirat, enquanto o valor médio mais baixo (26,4%) foi registado no sítio de El Sheikh Zuwaied. Na estação seca, o valor médio mais elevado (27,17%) foi registado no local de Ain El Kodirat, enquanto o valor médio mais baixo (26,1%) foi registado no local de El Sheikh Zuwaied.

11.2.6.7. Azoto digestível total (T.D.N %)

O quadro (20) mostra que o valor médio mais elevado detectado na parte pastável de *J. rigidus* durante a estação húmida (73,5%) foi registado no sítio de El Sheikh Zuwaied, enquanto o valor médio mais baixo (72%) foi registado no sítio de Ain El Kodirat. Na estação seca, o valor médio mais elevado (74,7%) foi registado no sítio de El Sheikh Zuwaied, enquanto o valor médio mais baixo (73,5%) foi registado no sítio de Ain El Kodirat.

Tabela (17): Valores médios dos parâmetros morfológicos de *J. rigidus*que crescem nos sítios estudados.

Morphological measurements	Season	Ain El Kodirat	El Sheikh Zuwaied	Ayon Musa
Hieght (cm)	Wet	89	102	75
	Dry	108	110	82
Culms (no)	Wet	802	245	467
	Dry	1372	319	602
Spike/Culms (no)	Wet	00	00	4
	Dry	2	2.67	4
Spiklet/Spike (no)	Wet	00	00	8
	Dry	8	8	9
No. of Flowers/plant	Wet	00	00	00
	Dry	12398	474	12129
Culms length (cm)	Wet	66	28	61
	Dry	76	35	67
Crown cover (m^2)	Wet	1.81	2.43	0.56
	Dry	1.88	2.51	0.62

Tabela (18): Valor de importância (em 300) e presença (P %) das espécies associadas a *J. rigidus*.

Considerando que: (1= Ain El Godirat; 2= El Sheikh Zuwaied; 3= Ayon Musa). P % = Percentagem de presença e XIV = Média do valor importante

No	Species	Site No			XIV	P %
		1	2	3		
1	**A) Dominant species**					
	Juncus rigidus	191.4	194.1	201	195.9	100
	B) Associate species					
2	*Alhagi graecorum*	-	-	21.98	7.33	33.3
3	*Arthrocnemum macrostachyum*	-	50.04	-	16.68	33.3
4	*Cressa criteca*	-	-	19.29	6.43	33.3
5	*Phragmites australis*	-	18.15	15.48	11.21	66.7
6	*Suaeda vermiculata*	-	28.92	-	9.64	33.3
7	*Tamarix aphylla*	38.92	-	11.94	16.95	66.7
8	*Tamarix nilotica*	47.12	-	20.87	22.66	66.7
9	*Typha domingensis*	44.28	-	-	14.76	33.3
10	*Zygophyllum album*	-	-	9.98	3.33	33.3

Tabela (19): Valores médios das propriedades do solo que suportam o crescimento de *J. rigidus* em diferentes locais.

Considerando que: (G= Cascalho, F.G= Cascalho fino, C.S= Areia grossa, F.S= Areia fina, E.C= Condutividade eléctricae O.C= Carbono orgânico).

Site	Profile depth (cm)	Physical properties												Chemical properties							Ca CO$_3$ %	O.C %
		Soil fraction %							Moisture%		pH	E.C ds^{-1}/cm	Cation and Anion (meq/L)							
		G	F.G	C.S	M.S	F.S	Silt	Clay	Texture	Wet	Dry			Na$^+$	K$^+$	Ca^{++}	Mg^{++}	Cl$^-$	SO$_4^-$		
Ain El Kodirat	0-20	20.4	21.1	14.8	9.6	7.9	4.6	21.6	S.c. loam	15.3	10.8	7.55	5.2	113	0.62	4.5	14.5	62	21.1	56	0.07
	20-40	0	11.5	12	12.7	15.6	2	46.2	S. clay	23.6	12	7.72	2	34.8	0.54	14	5.5	11	15	54	0.06
El Sheikh Zuwaied	0-20	2.3	14.2	6.9	30.6	24.8	12.7	8.5	S. loam	44.4	30.6	7.05	12	187	0.77	36	47	76	200	16	0.1
	20-40	2.4	10.8	13.1	9.7	33.8	15.9	14.3	C. loamy	59.1	57.7	7.57	6.2	109	0.55	35	26	85	87.5	28	0.06
Ayon Musa	0-20	4.4	2.3	4.1	25.9	19.3	21.6	22.4	S.c. loam	21.8	16.6	7.7	7	65.3	4.36	21	34	54	75	12	0.07
	20-40	0	0	0.2	10.4	55.2	12.4	21.8	S.c. loam	29.3	17.7	7.8	7.2	63	1.98	17	21	61	144	51	0.05

Tabela (20): Valores nutritivos médios de *J. rigidus* crescendo em diferentes locais.

Site	Season	Ash %	Crude Fiber	Succulence %	Nitrogen %	Crude Protein %	Digestible Crude Protein %	Total Digestible Nitrogen %
Ain El Kodirat	Wet	40	22.5	37.2	5.49	34.3	28.4	72
	Dry	30	17	31.2	5.28	33	27.17	73.5
El Sheikh Zuwaied	Wet	22.5	16	30	5.14	32.13	26.4	73.5
	Dry	15	12.5	28.1	5.1	31.88	26.1	74.7
Ayon Musa	Wet	25	18.5	29	5.28	33	27.17	73
	Dry	20	15.5	26.6	5.21	32.56	26.8	73.9

11.3. *Nitraria retusa* (Forssk) Ach.

11.3.1. Caraterísticas morfológicas

11.3.1.1. Altura

O quadro (21) mostra que o valor médio mais baixo (54 cm) foi registado no local de Wadi Thall e o valor médio mais elevado (177 cm) foi registado no local de 20 km da estrada de El Gifgafa.

11.3.1.2. Ramos principais

O quadro (21) mostra que os ramos principais tiveram um número médio mais baixo (dois) no sítio de Wadi Thall e o número médio mais elevado (17) no sítio de Ayon Musa.

II.3.1.3. Ramos laterais

O quadro (21) mostra que o número médio mais baixo de ramos laterais (21) foi registado no local de 20 km da estrada de El Gifgafa e o número médio mais elevado (1875) foi registado no local de Ayon Musa.

II.3.1.4. Número de folhas

O quadro (21) mostra que o número médio mais baixo de folhas (910) foi registado no local do protetorado de El Zaraneik e o número médio mais elevado (79396) foi registado no local de Ayon Musa.

1.1.1.5. . Comprimento da folha

O quadro (21) mostra que o comprimento da folha teve um valor médio mais baixo (1,58 cm) no local de El Qantara e o valor médio mais alto (2,4 cm) no local de Ayon Musa.

1.1.1.6. . Área foliar

O quadro (21) mostra que a área foliar teve o valor médio mais baixo (1,04 cm^2) no sítio de El Qantara e o valor médio mais elevado (1,97 cm^2) no sítio do Protetorado de El Zaraneik.

1.1.1.7. . Tampa da coroa

O quadro (21) mostra que o valor médio mais baixo do coberto de copas (0,92 m^2) foi registado no sítio de Wadi Thall e o valor médio mais elevado (1,97 m^2) foi registado no sítio de 20 km da estrada de El Gifgafa.

(36)   (37)

Foto (36): Vista de perto de *N. retusa*, mostrando as suas flores, no sítio de Ayon Musa, no Norte do Sinai.

Foto (37): Vista de perto de *N. retusa*, mostrando os seus frutos, no sítio de El Qantara, no Norte do Sinai.

(38)   **(39)**

Foto (38): Comunidade de N. *retusa* danificada e pastoreada, em Wadi Thall, Sinai do Sul.

Foto (39): Comunidade pura de *N. retusa*, no sítio das dunas de 20 km da estrada de El Gifgafa, no Norte do Sinai.

11.3.2. Caraterísticas anatómicas

A fotografia (40) mostra o interior do caule jovem assimilador de *N. retusa*, revelando que uma camada de células epidérmicas é constituída por uma fila única de células compactas cobertas por uma cutícula pesada. O córtex é constituído por hipoderme; a hipoderme é constituída por uma camada de células parenquimatosas de paredes finas. Abaixo da hipoderme, existem algumas camadas de clorênquima. Os elementos vasculares formam um anel contínuo de feixes vasculares, que são separados por 5 - 6 filas estreitas de raios medulares. O centro do caule é ocupado por uma medula larga.

Por outro lado, a folha de *N. retusa* tem as células epidérmicas adaxiais e abaxiais cobertas por pêlos multicelulares. As duas camadas epidérmicas são seguidas por células de clorênquima. O tecido do solo é formado principalmente por células de parênquima. Além disso, este tecido foi encontrado tanto na face adaxial como na face abaxial. Os feixes vasculares bicolaterais constituem as nervuras centrais e as nervuras principais da folha, enquanto os feixes vasculares colaterais constituem as nervuras secundárias. A folha é considerada isobilateral, onde o mesofilo é diferenciado em tecido paliçádico superior e inferior e o tecido esponjoso entre eles. Algumas drusas aparecem no tecido esponjoso Foto (41).

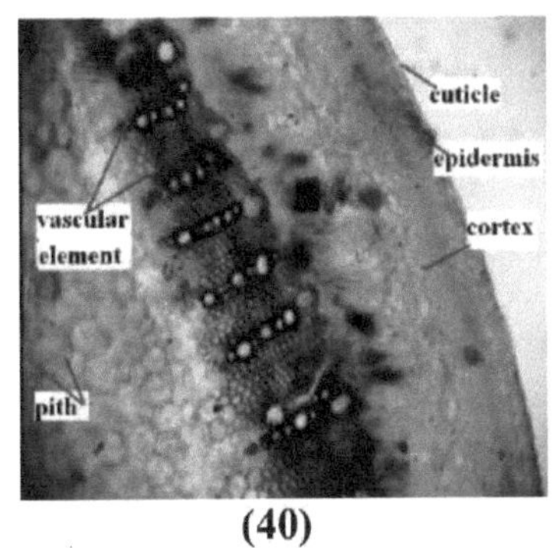

(40)

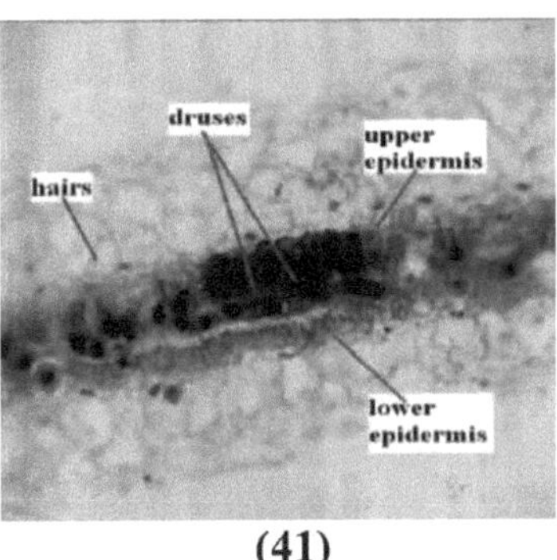

(41)

Foto (40): S.T. em caule de *N. retusa*, crescendo na Península do Sinai.

Ampliação 160 X.

Foto (41): S.T. em folha de *N. retusa*, crescendo na Península do Sinai.

Ampliação 160 X.

11.3.3. Fenologia

O crescimento vegetativo de *N retusa* estende-se ao longo de todo o ano, de novembro a janeiro. A fase de floração é mostrada na figura

(26). A floração começa no final de fevereiro até ao início de maio, com um período de cerca de quatro meses. A fase de frutificação estende-se do fim de maio a julho, por um período de cerca de três meses. A dispersão das sementes seguiu-se ao período de frutificação e estendeu-se do final de julho ao início de setembro. Pode ocorrer alguma floração e frutificação acidentais nos meses de inverno.

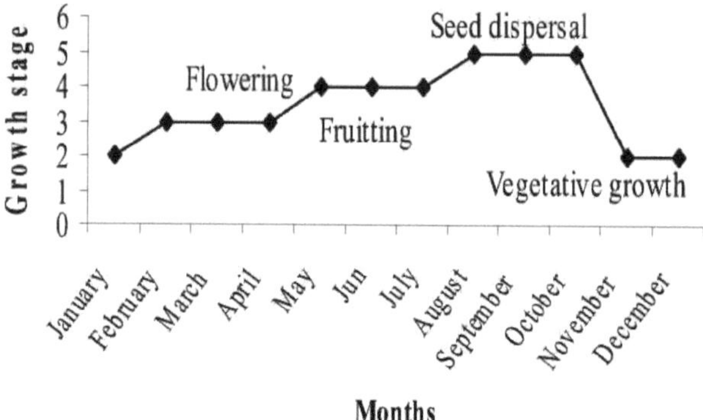

Figura (26): Estádios fenológicos de *N. retusa* na Península do Sinai.

11.3.4. Caraterísticas ecológicas

11.3.4.1. Composição florística

A composição florística da comunidade dominada por *N retusa* inclui vinte e uma espécies pertencentes a doze famílias. As famílias caraterísticas foram Chenopodiaceae registada (14,29%) representada por três espécies, nomeadamente: *Anabasis articulata, Suaeda vermiculata* e *Haloxylon salicornicum.* Zygophyllaceae registou (14,29%), também representada por três espécies: *Zygophyllum album, Zygophyllum dumosum* e *Zygophyllum coccineum.* Tamaricaceae foi (14,29%) representada também por três espécies, nomeadamente *Tamarix nilotica, Reaumuria hirtella* e *Tamarix aphylla.* Fabacaeae foi

148

(9,52%) representada por duas espécies, nomeadamente: *Acacia tortilis* e *Alhagi graecorum*. Poaceae foi (9,52%) representada por duas espécies, nomeadamente: *Cynodon dactylon* e *Panicum turgidum*. As restantes famílias (Amarlydiaceae, Asteraceae, Solanaceae, Thymelaceae, Convolvolaceae, Cistaceae, Resedaceae e Nitrariaceae) foram (38,08%) representadas por uma espécie (Figura 27).

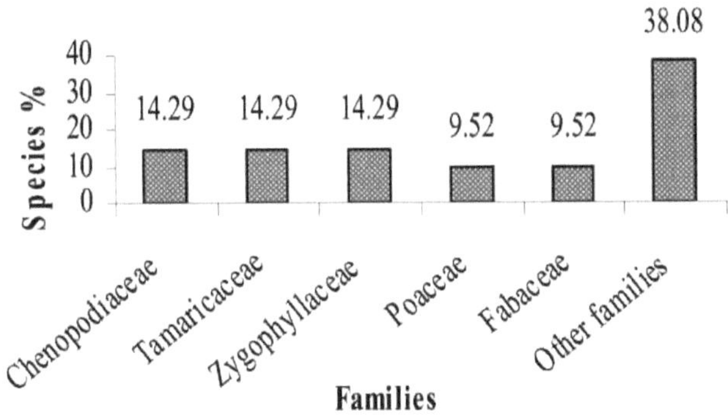

Figura (27): O histograma mostra as famílias de espécies associadas a *N retusa*, na Península do Sinai.

11.3.4.2. Forma de vida

As espécies registadas associadas a *N. retusa* pertenciam a cinco formas de vida diferentes. Chamaephyte foi a principal forma de vida registada (42,86%) representada por nove espécies, nomeadamente: *Anabasis articulata, Halocnemum strobilaceum, Suaeda vermiculata, Artemisia monosperma, Reaumuria hirtella, Helianthemum lippiii, Zygophyllum album, Zygophyllum coccineum* e *Zygophyllum dumosum*. O fanerófito foi (33,3%) representado por sete espécies, nomeadamente *Ochradenus baccatus, Tamarix aphylla, Acacia tortilis, Thymelaea hirsuta, Lycium europaeum, Tamarix nilotica* e *N retusa*.

As hemicriptófitas foram representadas em (14,29%) por três espécies, nomeadamente *Cressa cretica, Panicum turgidum* e *Alhagi graecorum*. Geófito e Terófito foram (4,76%) representados por duas espécies, nomeadamente: *Cynodon dactylon* e *Pancriatum sikenbergiana*, respetivamente (Figura 28).

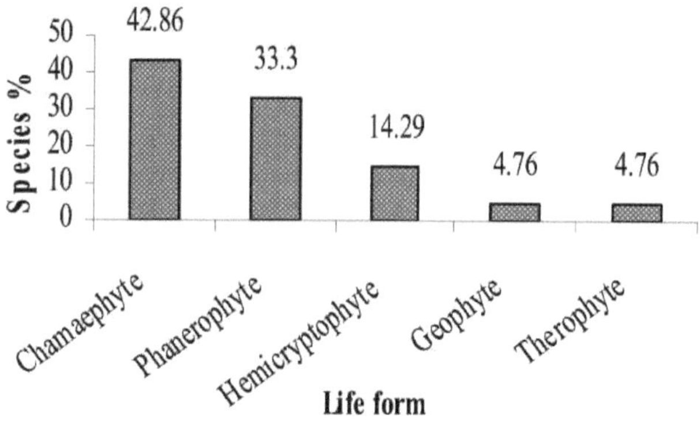

Figura (28): O histograma mostra a forma de vida das espécies associadas a *N retusa*, na Península do Sinai.

11.3.4.3. Corologia

Os elementos monoregionais foram (57,14%) representados por doze espécies; oito espécies eram saharo-árabes; três espécies sudanesas e uma espécie mediterrânica. **Os elementos birregionais** foram (33,3%) representados por sete espécies; duas espécies para cada um dos elementos mediterrânico, irano-turaniano; mediterrânico, saharo-árabe e saharo-árabe, sudaniano e apenas uma espécie para irano-turaniano, saharo-árabe. **Os elementos pluri-regionais** foram (9,52%) representados por duas espécies (figura 29).

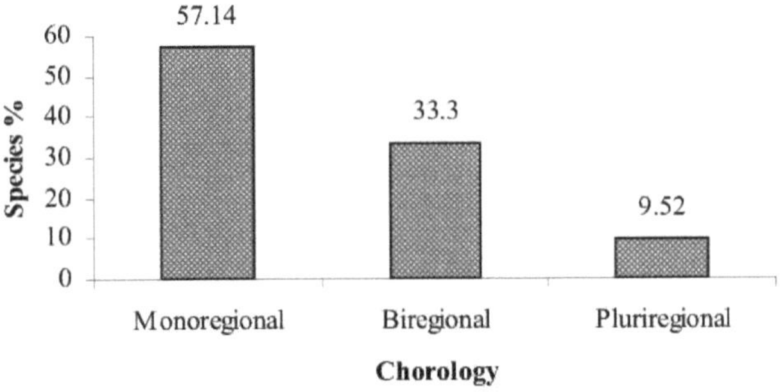

Figura (29): Histograma mostra a corologia das espécies associadas com *N. retusa,* Península do Sinai.

11.3.4.4. Análise da vegetação

A análise da vegetação da comunidade dominada por *N. retusa* (Tabela 22) com base no valor de presença mostra que a espécie dominante foi (*N. retusa*) com o valor de presença mais elevado (P= 100%) e o IV mais elevado = 116,6. A espécie codominante foi *Zygophyllum album* com um valor de presença de P= 71,4 e IV= 38,59. As espécies muito comuns foram *Tamarix aphylla, Reaumaria hirtella* e *Alhagi graecorum* com um valor de presença de P= 28,6% e IVs= 21,65, 11,06 e 7,21 respetivamente. As espécies comuns foram *Tamarix nilotica, Lycium europaeum, Ochradenus baccatus, Zygophyllum dumosum, Zygophyllum coccineum, Halocnemum stroblicum, Helianthmum lippii, Suaeda vermiculata, Cressa cretica, Thymelaea hirsuta, Anabasis articulata, Cynodon dactylon, Acacia tortilis, Panicum turgidum* e *Artemisia monosperma* com um valor de presença de P= 14.3% e IVs= 12.53, 5.66, 5.12, 5.06, 4.6, 4.26, 3.92, 3.29, 3.14, 2.63, 2.63, 2.1, 1.55, 1.31 e 1.31. *Pancratium sikenbergiana* foi a única espécie anual registada.

11.3.5. Propriedades do solo

11.3.5.1. Propriedades físicas

11.3.5.1.1. Textura do solo

Os resultados da análise mecânica do solo (Quadro 23) mostram que o solo que suporta o crescimento de *N. retusa* é arenoso. A percentagem da **fração de areia** (areia grossa, média e fina) variou entre (92,1%) no sítio de El Qantara e (61,1%) no sítio de Ain El Kodirat. O valor médio mais elevado de **areia grossa** (43,5%) foi registado no local de El Qantara, enquanto o seu valor médio mais baixo (3,6%) foi registado no local de Ain El Kodirat. O valor médio mais elevado de **areia média** (58,8%) foi registado no local a 20 km a sul de Abu Rudies, enquanto o seu valor médio mais baixo (10,1%) foi registado no local de Ain El Kodirat. A percentagem mais elevada de **areia fina** (55,9%) foi registada no local de Ain El Kodirat e o seu valor médio mais baixo (14,8%) foi registado no local 20 km a sul de Abu Rudies. **O silte e a argila** atingiram o seu valor médio mais elevado (31,6%) no local de Ain El Kodirat e o seu valor médio mais baixo (4,1%) foi registado na camada superficial (0-20 cm) no local 20 km a sul de Abu Rudies. A partir dos resultados acima referidos, o solo era de textura arenosa. O valor médio de **cascalho** (8,2%) foi registado no local 20 km a sul de Abu Rudies como valor mais elevado, enquanto o seu valor médio mais baixo (00,0%) foi registado nos locais 20 km da estrada El Gifgafa e El Qantara

11.3.5.1.2. Teor de humidade (M.C %)

Os resultados apresentados no Quadro 23 mostram que, na estação húmida, o valor médio mais elevado da humidade do solo (12,1%) foi registado no local de Wadi Thall, enquanto o valor médio mais baixo foi de (0,68%) registado no local a 20 km a sul de Abu Rudies. Na estação seca, a humidade do solo atingiu o seu valor médio mais elevado (8,91%) no local de Wadi Thall, enquanto o seu valor médio mais baixo foi de (0,12%) no local a 20 km da estrada de El Gifgafa.

11.3.5.2. Propriedades químicas

11.3.5.2.1. Reação do solo (pH)

A reação do solo teve um valor médio mais elevado (7,69) na camada superficial (0-20 cm) no local de Ain El Kodirat, enquanto o valor médio mais baixo (7,13) foi registado na camada superficial (2040 cm) no local 20 km a sul de Abu Rudies (quadro 23).

11.3.5.2.2. Condutividade eléctrica (C.E.)

A Tabela (23) mostra que a condutividade eléctrica do solo que suporta o crescimento de *N. retusa* era salina, onde atingiu o seu valor médio mais elevado (90 ds^{-1} /cm) foi registado na camada superficial (0-20 cm) no local de Wadi Thall, enquanto o seu valor médio mais baixo (0,27 ds^{-1} /cm) foi registado na camada superficial (0-20 cm) no local de 20 km da estrada El Gifgafa.

11.3.5.2.3. Aniões solúveis em água (Cl$^\wedge$ e $\text{so4}^{\wedge\wedge}$)

Os resultados apresentados na (Tabela 23) mostram que a concentração mais elevada de iões **cloreto** solúveis (111 meq/L) foi registada na camada superficial (0-20 cm) no local de Ayon Musa, enquanto o seu valor médio mais baixo (2,0 meq/L) foi registado na camada subsuperficial (20-40 cm) no local da estrada de 20 km El Gifgafa. Os iões de **sulfatos** solúveis atingiram (199 meq/L) o valor médio mais elevado registado na camada superficial (0-20 cm) no local de Wadi Thall, enquanto o valor médio mais baixo (3,75 meq/L) foi registado na camada superficial (0-20 cm) no local de 20 km da estrada de El Gifgafa.

11.3.5.2.4. Catiões solúveis em água (Ca^{++}, Mg^{++}, Na$^+$ e K)$^+$

Os iões de cálcio solúveis atingiram o seu valor médio mais elevado (193 meq/L) na camada superficial (0-20 cm) no local a 20 km a sul de Abu Rudies, enquanto o seu valor médio mais baixo (2,0 meq/L) foi registado na camada superficial (0-20 cm) no local a 20 km da estrada de El Gifgafa. O valor médio mais elevado de iões **de magnésio** (316 meq/L) foi registado na camada subsuperficial (20-40 cm) no local de Wadi Thall, enquanto o seu valor médio mais baixo (1,0 meq/L) foi registado na camada superficial (0-20 cm) no local de 20 km da estrada de El Gifgafa. **O** ião **sódio** é o principal catião solúvel no solo que suporta o crescimento de *N. retusa* e atingiu o valor mais elevado (530 meq/L) na camada superficial (0-20 cm) no local de Wadi Thall, enquanto o seu valor médio mais baixo (1,52 meq/L) foi registado na camada superficial (0-20 cm) no local de 20 km da estrada de El Gifgafa. Os iões **de potássio** atingiram um valor médio mais elevado (26,7 meq/L) na camada superficial (0-20 cm) no local de Wadi Thall, enquanto o seu valor médio mais baixo (0,41 meq/L) foi registado na camada superficial (0-20 cm) no local de 20 km da estrada de El Gifgafa (Tabela 23).

11.3.5.2.5. Carbonato de cálcio (CaCO$_3$ %)

A N. retusa cresce em solos com uma percentagem média de carbonato de cálcio. O valor médio mais elevado (51%) foi registado na camada subsuperficial (20-40 cm) no local de Ayon Musa, enquanto o valor médio mais baixo (4,8%) foi registado na camada superficial (0-

20 cm) no local de Ain El Kodirat (Quadro 23).

11.3.5.2.6. Carbono orgânico (O.C %)

Os solos que suportam o crescimento de *N retusa* eram muito pobres em teor de carbono orgânico. A percentagem de carbono orgânico atingiu (0,1%), tendo o valor médio mais elevado sido registado na camada superficial (020) no sítio de Wadi Thall, enquanto o valor médio mais baixo (0,4%) foi registado na camada superficial (0-20) no sítio de Ain El Kodirat (Quadro 23).

11.3.6. Valores nutritivos das plantas

11.3.6.1. Percentagem de cinzas

A tabela (24) mostra que o valor médio mais elevado durante a estação seca (60%) foi registado no local da estrada de 20 km El Gifgafa, enquanto o valor médio mais baixo (45%) foi registado no local de Wadi Thall. Na estação húmida, o valor médio mais elevado (20%) foi registado no local de 20 km da estrada de El Gifgafa, enquanto o valor médio mais baixo (12,5%) foi registado no local de Wadi Thall.

11.3.6.2. Fibra bruta (C.F %)

A tabela (24) mostra que o valor médio mais elevado durante a estação húmida (27,5%) foi registado no local de 20 km da estrada de El Gifgafa, enquanto o valor médio mais baixo (19,5%) foi registado no local de Wadi Thall. Na estação seca, o valor médio mais elevado (24%) foi registado no local de 20 km da estrada de El Gifgafa, enquanto o valor médio mais baixo (13,5%) foi registado no local de Wadi Thall.

11.3.6.3. Suculência %

A suculência das partes da planta é influenciada pela quantidade de água disponível no solo, que é exibida pelas espécies propostas. O quadro (24) mostra que o valor médio mais elevado durante a estação húmida (40,1%) foi registado no sítio a 20 km a sul de Abu Rudies, enquanto o valor médio mais baixo (22,6%) foi registado no sítio de Wadi Thall. Na estação seca, o valor médio mais elevado (36,4%) foi registado no local 20 km a sul de Abu Rudies, enquanto o valor médio mais baixo (18,2%) foi registado no local de Wadi Thall.

11.3.6.4. Azoto total (T.N %)

O azoto total foi uma das variáveis mais importantes do valor da forragem. O quadro (24) mostra que o valor médio mais elevado em partes de plantas durante a estação húmida (5,56%) foi registado no local a 20 km da estrada de El Gifgafa, enquanto o valor médio mais baixo (5,14%) foi registado no local de Ayon Musa. Na estação seca, o valor médio mais elevado (1,55%) foi registado no local a 20 km da estrada de El Gifgafa, enquanto o valor médio mais baixo (5,1%) foi registado no local de Ayon Musa.

11.3.6.5. Proteína bruta (C.P %)

O quadro (24) mostra que o valor médio mais elevado durante a estação húmida (34,75%) foi registado no local de 20 km da estrada de El Gifgafa, enquanto o valor médio mais baixo (32,13%) foi registado no local de Ayon Musa. Na estação seca, o valor médio mais elevado (34,3%) foi registado no local a 20 km da estrada de El Gifgafa, enquanto o valor médio mais baixo (31,88%) foi registado no local de Ayon Musa.

11.3.6.6. Proteína bruta digestível (D.C.P %)

O quadro (24) mostra que o valor médio mais elevado detectado nas partes pastáveis de *N. retusa* durante a estação húmida (28,8%) foi registado no local de 20 km da estrada de El Gifgafa. O valor médio mais baixo (26,4%) foi registado no local de Ayon Musa. Na estação seca, o valor médio mais elevado (28,3%) foi registado no local de 20 km da estrada de El Gifgafa. O valor médio mais baixo (26,1%) foi obtido no local de Ayon Musa.

11.3.6.7. Azoto digerível total (T.D.N %)

O quadro (24) mostra que o valor médio mais elevado detectado na parte pastável de *N. retusa* durante a estação húmida (72,4%) foi registado no local de Wadi Thall. O valor médio mais baixo (70,3%) foi registado no local da estrada de 20 km de El Gifgafa. Na estação seca, o valor médio mais elevado (75,1%) foi registado no local de Wadi Thall. O valor médio mais baixo (71,5%) foi registado no local de 20 km da estrada de El Gifgafa.

Tabela (21): Valores médios dos parâmetros morfológicos de *N. retusa*crescendo nos locais estudados.

Morphological measurements	Season	El Zaraneik Protectorate	20 km El Gifgafa road	El Qantara	20 km south Abu Rudies	Ain El Kodirat	Wadi Thall	Ayon Musa
Height (m)	Wet	155	169	118	92	152	54	180
	Dry	164	177	129	104	160	63	183
No. of main branch/plant	Wet	6	4	3	5	4	2	16
	Dry	7	6	5	6	7	3	17
No. of lateral branch/plant	Wet	18	21	112	609	957	76	1528
	Dry	24	27	144	774	1287	85	1875
No. of leaves/plant	Wet	910	2805	5497	2926	8351	1164	79396
	Dry	1176	2945	6793	3303	9294	1195	7381
Crown cover (m^2)	Wet	1.13	1.92	1.25	1.15	1.04	0.92	1.43
	Dry	1.18	1.97	1.32	1.22	1.11	1.02	1.47
Leaf area (cm^2)	Wet	1.92	1.13	1.04	1.15	1.43	1.07	1.17
	Dry	1.97	1.18	1.11	1.22	1.47	1.12	1.18
Leaf length (cm)	Wet	2.2	1.67	1.58	1.7	2	1.67	2.35
	Dry	2.27	1.75	1.64	1.74	2.16	1.74	2.4

Tabela (22): Valor de importância (em 300) e presença (P %) das espécies perenes associadas a *N retusa*.

Considerando que: (1= Protetorado de El Zaraneik; 2= 20 km da estrada de El Gifgafa; 3= El Qantara; 4= 20 km a sul de Abu Rudies; 5= Ain El Kodirat; 6= Wadi Thall e 7= Ayon Musa). P % = Percentagem de presença, XIV = Média de O valor importante foi encontrado como e Presença de espécies anuais espécies anuais (+ = raras, ++ = comuns).

No	Species	Site No							XIV	P %
		1	2	3	4	5	6	7		
	A) Dominant species									
1	*Nitraria retusa*	131.4	109.1	153.4	100.2	132.9	92.7	96.7	116.6	100
	B) Associate species (1-Perrenias)									
2	*Acacia tortilis*	-	-	-	-	-	10.83	-	1.55	14.3
3	*Alhagi graecorum*	9.29	-	-	-	-	-	41.2	7.21	28.6
4	*Anabasis articulata*	18.4	-	-	-	-	-	-	2.63	14.3
5	*Artemisia monosperma*	9.15	-	-	-	-	-	-	1.31	14.3
6	*Cressa criteca*	-	-	-	-	-	-	22	3.14	14.3
7	*Cynodon dactylon*	-	-	-	-	14.72	-	-	2.1	14.3
8	*Halocnemum stroblicum*	29.84	-	-	-	-	-	-	4.26	14.3
9	*Helianthmum lippii*	27.41	-	-	-	-	-	-	3.92	14.3
10	*Lycium europaeum*	-	-	-	-	39.64	-	-	5.66	14.3
11	*Ochradenus baccatus*	-	-	-	-	-	35.83	-	5.12	14.3
12	*Panicum turgidum*	9.2	-	-	-	-	-	-	1.31	14.3
13	*Reaumaria hirtella*	-	-	-	-	54.18	23.27	-	11.06	28.6
14	*Suaeda vermiculata*	-	-	-	-	23	-	-	3.29	14.3
15	*Tamarix aphylla*	-	-	86.2	-	-	65.35	-	21.65	28.6
16	*Tamarix nilotica*	-	-	-	-	-	-	87.7	12.53	14.3

17	*Thymelaea hirsuta*	18.4	-	-	-	-	-	-	2.63	14.3
18	*Zygophyllum album*	47.02	70.1	60.43	-	-	39.75	52.9	38.59	71.4
19	*Zygophyllum coccineum*	-	-	-	-	-	32.21	-	4.6	14.3
20	*Zygophyllum dumosum*	-	-	-	-	35.43	-	-	5.06	14.3
	(2-Annuals)									
21	*Pancraitum sikenbergiana*	++	+	-	-	-	-	-	++	++

Tabela (23): Valores médios das propriedades do solo que suportam o crescimento de *N. retusa* em diferentes locais.

Considerando que: (G= Cascalho, F.G= Cascalho fino, C.S= Areia grossa, M.S= Areia média, F.S= Areia fina, E.C= Coductividade eléctrica e O.C= Carbono orgânico).

Site	Profile depth (cm)	Physical properties														Chemical properties								$CaCO_3$ %	O.C %
		Soil fraction %								M %		pH	E.C ds^{-1}/cm	Cation and Anion (meq/L)							
		G	F.G	C.S	M.S	F.S	Silt	Clay	Texture	Wet	Dry			Na$^+$	K$^+$	Ca^{++}	Mg^{++}	Cl$^-$	SO$_4^-$		
El Zaraneik Protectorate	0-20	0.4	6.3	18.9	46.9	21.9	2.1	3.5	Sandy	8.19	4.2	7.34	2.2	26.1	0.95	37	9.5	14	16.5	6	0.05
	20-40	0.3	2.7	18.3	54.5	18.9	3.4	1.9	Sandy	7.19	5.97	7.59	4.8	67.4	1.22	38	13.5	38.5	29.2	4.8	0.05
20 km El Gifgafa road	0-20	0	0	4.2	52.6	27.9	5.5	9.8	L. sand	1.21	0.12	7.34	0.27	1.52	0.41	2	1	2	3.75	8	0.07
	20-40	0	0	4.6	50.7	28.8	5.1	10.8	L. sand	1.12	0.18	7.04	0.5	2.09	0.49	2.5	3	3	13.8	8	0.09
El Qantara	0-20	0	2.5	41.2	30.5	17	3.3	5.5	Sandy	2.62	0.3	7.57	6.5	67.4	1.4	41	19	55	25.6	4	0.05
	20-40	0	0.5	43.5	34.8	13.8	1.6	5.8	Sandy	1.5	1.08	7.86	6	60.9	1.64	52	5.5	44.5	18.7	4	0.08
20 km south Abu Rudies	0-20	2.8	5.4	14.1	58.8	14.8	2.4	1.7	Sandy	0.68	1.19	7.06	8.5	452	12.3	193	256	44	95.8	36	0.08
	20-40	0	1.4	15.1	54.7	16	7.5	5.3	Sandy	2.19	2	7.02	25	504	8.98	112	246	23	39.8	28	0.09
Ain El Kodirat	0-20	0.8	2.5	4.1	10.1	50.8	11.8	19.8	S. loam	3.96	1.33	7.69	17	191	14.1	83	75	33	39.1	46	0.04
	20-40	1.5	2	3.6	11.9	55.9	8.8	16.3	S. loam	3.59	2.14	7.74	18	170	11	57	60	27.5	30.4	48	0.07
Wadi Thall	0-20	1.3	2.3	11	18.8	42.8	2.4	21.4	S. loam	1.49	1.94	7.65	90	530	26.7	156	316	67	199	40	0.1
	20-40	0	1.2	19.9	38	28.2	4	8.7	Sandy	12.1	8.91	7.25	85	478	7.44	44	112	49	117	40	0.08
Ayon Musa	0-20	0.57	3.29	3.86	41.6	41.3	7.46	1.92	Sandy	0.86	0.68	7.25	9	80	8.2	67	41	111	16	45	0.06
	20-40	2.28	6.06	4.19	50.3	31.2	4.42	1.56	Sandy	1.12	0.69	7.45	9	104	9.3	40	50	34	17.1	51	0.07

Tabela (24): Valores nutritivos médios de *N. retusa* cultivada em diferentes locais.

Site	Season	Ash %	Crude Fiber %	Succulence %	Nitrogen %	Crude Protein %	Digestible Crude Protein %	Total Digestible Nitrogen %
El Zaraneik Protectorate	Wet	25	23.5	39	5.28	33	27.17	71.1
	Dry	15	20.5	34	5.21	32.56	26.8	72
20 km El Gifgafa road	Wet	60	27.5	36.7	5.56	34.75	28.8	70.3
	Dry	45	24	33.1	5.49	34.3	28.3	71.5
El Qantara	Wet	35	22	29.2	5.42	33.9	28	72
	Dry	30	18	25.1	5.14	32.13	26.4	72.8
20 km south Abu Rudies	Wet	40	22.5	40.1	5.21	32.56	26.8	71.2
	Dry	25	17.5	36.4	5.14	32.13	26.4	72.9
Ain El Kodirat	Wet	45	21.5	26.6	5.42	33.9	28	72.2
	Dry	35	14	24.2	5.28	33	27.17	74.7
Wadi Thall	Wet	20	19.5	22.6	5.49	34.3	28.4	72.4
	Dry	12.5	13.5	18.2	5.42	33.9	28	75.1
Ayon Musa	Wet	40	24.5	31.3	5.14	32.13	26.4	72.2
	Dry	40	18.5	27	5.1	31.88	26.1	74.4

CAPÍTULO 9

Discussão

Existem numerosos factores intrincados que afectam o crescimento e a distribuição das plantas. Não é correto correlacionar a distribuição e o crescimento das plantas com um único fator. Contudo, nas condições do deserto, a relação hídrica do solo e do ar são os principais factores de controlo e os outros factores são meramente contributivos (Batanouny & Zaki, 1974). Além disso, as propriedades físicas do solo desempenham um papel importante na distribuição das comunidades vegetais, tal como no sítio estudado em geral (Kassas & Imam, 1954 e Kassas, 1957). Na tese estudada, o solo que suporta o crescimento das espécies estudadas é pobre em conteúdo de matéria orgânica, e o outro fator edáfico mais importante que afecta a disponibilidade de humidade e, subsequentemente, a distribuição das comunidades vegetais é a textura do solo; o solo é arenoso, formado principalmente por areias grossas e finas, com pouca quantidade de silte e argila, exceto nos sítios de *J. rigidus* e *A. halimus*, que são franco-arenosos a argiloarenosos.

A) Clima da zona de estudo

A distribuição da planta depende do tempo e da quantidade de precipitação em solos arenosos (Zahran, 1989 e El Khouly, 2001). As espécies estudadas distribuem-se em determinados habitats com determinados factores climáticos. Isto pode ser atribuído às condições climáticas prevalecentes nesta área, que se caracteriza por uma elevada quantidade de precipitação anual total, que varia entre 233 mm em El Qantara e 208 mm em El Sheikh Zuwaied. Enquanto o valor mais baixo (7,1 mm) foi registado em Sharm El Sheikh nas estações estudadas. A temperatura também varia entre (9,7-32,75⁰ C), a humidade relativa entre (49-87,27 %) e a velocidade do vento entre (1,15 km/hora-7,9 km/hora). As condições climáticas na zona costeira mediterrânica são mais favoráveis para a vida vegetal do que no deserto interior (Batanouny, 1979 e Fahmy, 2004).

B) Propriedades morfológicas

No presente estudo, a salinidade do solo, a percentagem de carbonato de cálcio, os factores climáticos, a percentagem de humidade do solo e a percentagem de silte e argila são os factores mais importantes que afectam a morfologia, a anatomia, a distribuição e a cobertura vegetal das espécies de xerófitas e halófitas.

As propriedades morfológicas das espécies estudadas são comparáveis com as obtidas por (Tackholm, 1974 e Bolous, 1995 & 2000) com pequenos desvios em algumas propriedades como a altura da planta, número de ramos principais, número de ramos laterais, número de folhas, comprimento da folha, área foliar e cobertura da copa em diferentes locais.

2.1. Xerófitas

C. monacantha mostra que a sua comunidade no sítio de 45 km El Tor-Sharm El Sheikh se caracteriza por uma altura média da planta de 91 cm, um número de ramos principais de 23 e ramos laterais de 2500. Por outro lado, enquanto estas medidas diminuíram no sítio de 10 km a sul de umm Sheihan, a altura das plantas não excedeu 8 cm, o número de ramos principais foi de um e os ramos laterais de 9. Estes resultados indicam que o crescimento da planta foi afetado pelo aumento da salinidade; a baixa salinidade do solo 0,18 ds^{-1}/cm foi elevada no local de 45 km El Tor-Sharm El Sheikh. Correspondendo à salinidade do solo

0,92 ds^{-1} /cm no local de 10 km ao sul de Umm Shehan. Uma observação semelhante foi observada nas comunidades de **L. pyrotechnica**, que mostra que a altura média das plantas foi de 3,79 m, o número de ramos principais 22, os ramos laterais 9065 e a cobertura da copa 19,5 m no local do protetorado de Ras Mohammed; enquanto estas medidas diminuíram para 2,2 m de altura das plantas, 17 número de ramos principais e ramos laterais 210 e 4,1 m de cobertura da copa no local de Wadi El Ghaeb. No local do protetorado de Ras Mohammed, a salinidade do solo era baixa 0,4 ds^{-1} /cm; enquanto que no local de Wadi El Ghaeb a salinidade do solo era mais elevada 1,0 ds^{-1}/cm. também foi notada outra observação na comunidade de **R. raetam** que mostra que a altura média das plantas era de 2.3 m, número de ramos principais 24 e ramos laterais 1503 no local de Wadi Sudr; enquanto essas medidas diminuíram para 1,85 m de altura da planta, 10 número de ramos principais e ramos laterais 52 no local de Gebel Halal com salinidade do solo foi baixo 0,92 ds^{-1} /cm, enquanto no local de Wadi Sudr, a salinidade do solo foi maior 1,2 ds^{-1}/cm. Os dados obtidos e as explicações foram concordantes com (Crawley, 1997 e El Khouly, 2001), eles descobriram que a alta salinidade reduziu o crescimento das plantas. O diâmetro do caule e o número de folhas e brotos das plantas diminuíram com o aumento da salinidade do solo. A redução do teor de água no solo inibe o crescimento das folhas e dos caules (Kramer & Boyer, 1995 e

El Khouly, 2001). Os dados recolhidos revelaram que *L. pyrotechnica* e *R. raetam* podem utilizar mais a salinidade do que *C. monacantha*.

2.11. Halófitas

A. halimus mostra que a sua comunidade no sítio de 50 Km Nekhel-

Taba se caracterizava por uma altura média das plantas de 143 cm, um número de ramos principais de 21, ramos laterais de 160, um número de folhas de 5417 e uma área foliar de 1,91 cm. Por outro lado, a comunidade de *A. halimus* no sítio de Gebel Maghara apresenta uma altura de planta não superior a 20 cm, número de ramos principais 1, ramos laterais 60, número de folhas 1182 e área foliar 1,22 cm. Estes resultados indicam que o crescimento da planta foi afetado pelo aumento da salinidade; a baixa salinidade do solo 0,44 ds^{-1} /cm foi elevada no local de 50 Km Nekhel-Taba. Correspondendo à salinidade do solo 7,0 ds^{-1} /cm no local de Gebel El Maghara. Foi feita uma observação semelhante nas comunidades de **J. rigidus**, que mostra que a altura média das plantas era de 1,0 m, o número de caules 319, o comprimento dos caules 36 cm e a cobertura da copa 2,5 m no sítio de El Sheikh Zuwaied; enquanto estas medidas diminuíram para 75 cm de altura das plantas, 1372 número de caules e 40 cm de cobertura da copa no sítio de Ain El Kodirate. No local de El Sheikh Zuwaied, Na$^+$ íons 187 meq/L, Cl foi 85 meq/L e a porcentagem de umidade foi 59, enquanto no local de Ain El Kodirate, Na$^+$ íons foi 65 meq/L, Cl foi 61 meq/L e a porcentagem de umidade foi 61, também outra observação foi notada em **N. retusa** que mostra que a altura média da planta foi de 183 cm, número de ramos principais 17 e ramos laterais 1875 no local de Ayon Musa, enquanto essas medidas diminuíram para 0,63 m de altura da planta, 3 número de ramos principais e ramos laterais 85 e 0,66 m de cobertura da copa no local de Wadi Thall. No local de Ayon Musa, a salinidade do solo era baixa 9 ds^{-1} /cm, enquanto no local de Wadi Thall, a salinidade do solo era alta 90 ds^{-1} /cm. Os dados obtidos e as explicações foram concordantes com (Crawley, 1997 e El Khouly,

2001) que descobriram que a alta salinidade reduziu o crescimento das plantas. O diâmetro do caule e o número de folhas e rebentos das plantas diminuíram com o aumento da salinidade do solo. A redução do teor de água no solo inibiu o crescimento das folhas e do caule (El Khouly, 2001).

C) Vegetação

C.I. Xerófitas

A comunidade dominada por **C. monacantha** teve como espécie codominante *Convolvulus lanatus*. As espécies abundantes são *Zygophyllum album, Panicum turgidum, Moltkiopsis ciliata*. As espécies muito comuns são *Fagonia Arabica, Acacia tortilis, Haloxylon salicornicum, Deverra tortusa, Thymelaea hirsuta* e *Artemisia monosperma*. Vinte espécies são comuns, entre as quais *L. pyrotechnica, Stipagrostis plumosa, R. raetam, Noaea mucronata, Stipagrostis scoparia, Calligonum comosum, Heliotropium arabinense, Fagonia mollis, Helianthmum lippii, Salvia lanigra, Gymnocarpos decander* e *Echiochilonfruticosum*. As espécies anuais registadas são *Cistanke tubulosa, Cleome amblyocarpa* e *Pancratium sikenbergiana*.

A comunidade dominada por **L. pyrotechnica** prospera em condições de seca muito drásticas. Na área habitada por esta espécie, verificou-se uma deficiência contínua no teor de humidade disponível no solo e a seca foi agravada pelas condições climáticas adversas durante a maior parte do ano. A capacidade de prosperar sob estas condições indica que esta espécie possui mecanismos altamente eficazes de resistência à seca (Migahid *et al.*, 1972). A espécie codominante é *Zilla spinosa*. As espécies abundantes são *Artemisia* *judaica* e *Aerva javanica*. Sete espécies são muito comuns: *C. monacantha, Zygophyllum album, Ocradenus baccatus, Anabasis setifra, R. raetam, Fagonia mollis* e *Citrullus colocynthis*.

A comunidade dominada por **R. raetam**, que é um dos xerófitos egípcios mais difundidos. *A R. raetam* possui algumas propriedades adaptadas como 1) desfolhamento (planta sem folhas quase o ano todo), o desfolhamento pode ser acompanhado de desfolhamento de ramos, nesse caso o peso da planta pode ser consideravelmente reduzido (Evenari *et al.*, 1977 e Batanouny, 2001), 2) redução da taxa de transpiração (Hammouda, 1954), 3) raiz profunda mais de 2 m (Zayed, 1984), 4) alta acumulação de pralina (Batanouny *et al.*, 1991). As espécies abundantes são *Fagonia mollis, Zilla spinosa* e *Thymelaea hirsuta*. Oito espécies são muito comuns: *Lycium shawii, Zygophyllum album, Haloxylon salicornicum, Echinops spinosissmus, Alhagi graecorum, Deverra tortusa, Achillea santolina* e *Helianthmum lippii*, respetivamente. Vinte e uma espécies são comuns, tais como *C. monacantha, Panicum turgidum, Convolvulus lanatus, Ochradenus baccatus, Artemisia judaica, Astragalus sinaica, Zygophyllum coccinium, Tamarix aphylla, Artemisia monosperma, Lycium europaeum, Fagonia arabica, Ballota undulata, Zygophyllum dumosum, Gymnocarpos decander, Pulicaria crispa, Reaumuria hirtella, Stachys aegyptiaca, Salvia lanigra, Varthemia Montana, Tecurium pollium* e *Noaea mucronata. Aristida funiculata, Cascuta campestris, Cistanke tubulosa, Urginea maritima, Cleome amblyocarpa* e *Pancratium sikenbergiana* são as espécies anuais registadas.

C.II. Halófitas

A comunidade dominada por *A. halimus* apresenta uma variação na distribuição das espécies da seguinte forma: as espécies abundantes foram *Gymnocarpos decander, Reaumaria hirtilla, Achillea santolina*. As espécies muito comuns foram sete espécies: *R. raetam, Zygophyllum dumosum, Echinops spinosissmus, Varthemia Montana, Capparis sinaica, Moricandia nitens* e *Achillea fragrantisma*. As espécies comuns foram *Ochradenus baccatus, Zilla spinosa, Euphorbia retusa, Launaea spinosa, Salsola kali, Haloxylon salicornica, Artemisia judaica, Thymelaea hirsuta, Helianthmum lippii, Ballota undulata, Fagonia mollis, Hyocyamus muticus, Centaurea aegyptiaca, Deverra tortusa, Farsetia aegyptia, Limonium axillare, Suaeda vermiculata, Tamarix aphylla, Glubolaria arabica, Fagonia arabica, Peganum harmalla, Astragalus sinaica* e *N. retusa*.

A comunidade dominada por halófitas apresenta um claro gradiente de salinidade. Este habitat dividiu-se em a) sapais húmidos dominados por *J. rigidus* associados a espécies co-dominantes como *Tamarix nilotica, Tamarix aphylla* e *Phragmites australis*. As espécies muito comuns foram *Arthrocnemum macrostachyum, Typha domingensis, Suaeda vermiculata, Alhagi graecorum, Cressa cretica* e *Zygophyllum album*. De acordo com (Zahran, 1967), a zona dos sapais litorais estava sujeita a: 1- inundação durante a maré alta, 2- extensão lateral da água do mar subterrânea e 3- pulverização marítima. O elevado valor de *J. rigidus* deve-se aos seus caracteres únicos. Esta espécie foi considerada como uma espécie cumulativa tolerante ao sal. Acumula o excesso de sais que absorve do solo nas partes superiores dos seus caules verdes (Zahran *et al.*, 1993), e depois estes caules são sombreados. Outro comportamento foi a sua forma de propagação por rizomas e sementes. A caraterística mais interessante desta espécie é a palatabilidade do seu novo crescimento (El Khouly & Abu El Nasr, 2006). Por isso, floresce na base e dá grandes juncos. Os beduínos costumavam queimar os juncos velhos para que o seu gado pudesse comer o novo crescimento. B) Dunas costeiras e interiores dominadas por uma comunidade pura de *N. retusa*, sendo a espécie codominante *Zygophyllum album*. As espécies muito comuns são *Tamarix aphylla*, *Reaumaria hirtella* e *Alhagi graecorum*. As espécies comuns eram *Tamarix nilotica*, *Lycium europaeum*, *Ochradenus baccatus*, *Zygophyllum dumosum*, *Zygophyllum coccineum*, *Halocnemum stroblicum*, *Helianthmum lippii*, *Suaeda vermiculata*, *Cressa cretica*, *Thymelaea hirsuta*, *Anabasis articulata*, *Cynodon dactylon*, *Acacia tortilis*, *Panicum turgidum* e *Artemisia monosperma*. *Pancratium sikenbergiana foi* a única espécie anual registada.

D) Composição florística

A composição botânica da vegetação pode ser descrita por uma série de métodos que descrevem diferentes aspectos da produtividade e do crescimento das plantas (Karsten & Carlassare, 2002).

No presente estudo, a composição e a distribuição da vegetação não são controladas apenas por factores edáficos, mas também por outros factores ambientais. A composição florística explica a relação entre as plantas e o seu habitat. No presente estudo, verificaram-se diferenças na composição florística dentro do mesmo habitat das plantas, que incluiu 75 espécies pertencentes a 31 famílias registadas na área de estudo. Estas são representadas por 69 espécies perenes e 6 espécies anuais.

D.I. Xerófitas

No local das xerófitas, foram registadas 50 espécies pertencentes a 24 famílias, das quais 44 são perenes e 6 anuais; as famílias caraterísticas são Asterceae (12%), Zygophyllaceae (10%), Fabaceae (8%), Chenopodiaceae (8%), Lamiaceae (8%), Poaceae (8%), Boraginaceae (8%), Tamaricaceae (4%), Solanaceae (4%), Cistaceae (4%) e as outras 14 famílias (26%) conforme (Danin, 1983).

D.II. Halófitas

Na localização das halófitas (50), destas 49 são perenes e uma é anual, as famílias abundantes foram Chenopodiaceae (14%), Asteraceae (14%), Zygophyllaceae (12%), Fabaceae (8%), Tamaricaceae (6%), Poaceae (6%), Brassicaceae (6%), Solanaceae (4%) e as outras famílias (30%) como (Danin, 1983).

E) Formas de vida

A extensão da cobertura vegetal varia sazonal e anualmente de acordo com o fornecimento de água disponível. Os padrões das formas de vida das plantas do deserto reflectem-se na precipitação, na topografia e nos tipos de relevo. No presente estudo, foram descritas 7 formas de vida, como se segue: Chamaephyte (60%), Phanerophyte (18%), Hemicryptophyte (14%), Therophyte (4%). Cada uma das formas de vida Geófita, Glicófita e Helófita (1,54%) concordou com (Zohary, 1973 e Danin & Orshan, 1990),

F) Corologia

A análise da flora do Sinai mostrou uma grande presença do corótipo mono-regional (Saraico-Árabe) numa percentagem mais elevada do que os corótipos inter-regionais (bi e pluri-regionais). Na presente investigação, a corologia das espécies estudadas revelou que: a maioria das espécies registadas apresentava 3 elementos geográficos descritos da seguinte forma: Os elementos monoregionais representaram (66,7%) das espécies registadas. A região do Sara e do Arábico incluía 37 espécies, a região do Sudão incluía 6 espécies, a região do Irão e do Turquistão incluía 4 espécies e a região do Mediterrâneo incluía 3 espécies. Os elementos birregionais (26,7%) pertenciam ao Sara-Árabe-Sudanês e incluíam 5 espécies. Cada um dos elementos do Mediterrâneo, da Arábia Saudita e do Irão-Turão e da Arábia Saudita incluía 6 espécies. O Mediterrâneo e o Irano-Turaniano incluíam 3 espécies. Os elementos pluri-regionais (6,15%) tinham 5 espécies que pertenciam à região mediterrânica, irano-turaniana e saharo-árabe, o que está de acordo com (Danin & Plitman, 1987) e (Hegazy & Amer, 2001).

G) Fenologia

Os aspectos fenológicos variam de um habitat para outro de acordo com a disponibilidade de água e os factores climáticos. Compreendemos porque é que a maioria das espécies na área de estudo está presente nos estados de floração e frutificação. O comportamento da sequência fenológica das plantas estudadas é semelhante à mudança observada na maior parte dos habitats desérticos do Egito, onde a maioria das espécies se torna vegetativa no inverno, floresce na primavera, atinge a fase de frutificação no verão e a maior parte fica dormente no outono. Este resultado está de acordo com (Kassas, I960; Tackholm, 1974; Fahmy *et al.*, 1990 e El Khouly, 1996 & 2001).

H) Valores nutritivos das plantas

As comunidades do deserto eram especialmente sensíveis às intervenções naturais e humanas. Muitos arbustos e árvores são de importância estrutural e económica nas regiões áridas (Crisp e Lange, 1976).

Desempenham um papel importante na proteção e estabilização do solo contra o movimento do vento ou da água, constituem uma fonte de forragem para os animais e de combustível para os habitantes locais e têm valor medicinal e potencialmente industrial (Thalen, 1979).

As plantas de distribuição natural no Egito são poucas, na sua maioria espécies tolerantes ao sal e/ou à seca. Variam em termos de produção de biomassa verde, distribuição, palatabilidade e nutrição de acordo com a flutuação das estações e dos factores ambientais (Davis, 1980; Moh'd *et al.*, 2000 e El Khouly & Abu El Nasr, 2006). (Heneidy, 2002) classificou a palatabilidade das plantas em função dos estádios fenológicos, da forma morfológica, do odor, do sabor, das composições químicas e da abundância.

Os valores nutritivos das halófitas foram mais elevados do que os das xerófitas durante a estação húmida do que durante a estação seca. No entanto, *N retusa* teve o valor mais elevado seguido de *A. halimus, C. monacantha* e *R. raetam*; enquanto o valor mais baixo foi o de *L. pyrotechnica* e *J. rigidus*, de acordo com (Thalen, 1979).

I) Caraterísticas anatómicas

As plantas do deserto que crescem sob stress de salinidade e aridez são caracterizadas por uma combinação particular de caraterísticas morfológicas e anatómicas. Possuem várias adaptações que lhes permitem sobreviver sob o stress hídrico causado pela elevada concentração de sal no solo, temperatura elevada e irradiações elevadas (Danin, 1983 e Batanouny *et al.,* 1999). Os caracteres morfológicos (estrutura externa) observados nas espécies estudadas são: (1) Redução da área transpirante pelas folhas espigadas para proteger os estomas presentes na superfície adaxial (a superfície abaxial não contém estomas) dos raios solares diretos ou pela queda das folhas na estação do verão (como observado em *C. monacantha, R. raetam, L. pyrotechnica* e *J. rigidus* nas figuras respetivamente). (2) Folhas de *A. halimus* cobertas de pêlos vesiculares (bexiga salina) contendo uma solução salina que se evapora no verão, dando uma cor clara à superfície da folha (observação de campo) que reflecte a radiação solar. (3) As folhas estivais de *N retusa* são revestidas por uma camada de cera que lhes confere uma cor mais clara que reflecte a radiação solar. (4) Aumento da relação raiz/parte aérea das plantas do deserto para manter e reter qualquer teor de humidade à volta dos pêlos radiculares destas plantas. (5) As espécies estudadas, como *a L. pyrotechnica,* produzem raízes longas que atingem 11 m abaixo da superfície do solo, a grande profundidade, atingindo o lençol freático.

As caraterísticas anatómicas dos caules e das folhas das espécies estudadas *C. monacantha, R. raetam, L. pyrotechnica* e *N retusa* exibiram caraterísticas típicas das dicotiledóneas e a anatomia do caule de *J. rigidus* exibiu caraterísticas típicas das monocotiledóneas com os caracteres anatómicos xeromórficos típicos. Certas caraterísticas estruturais destas espécies podem estar correlacionadas com o habitat de crescimento. Esta adaptação permite que as plantas cresçam sob as condições edáficas e climáticas extremas que prevalecem nos seus habitats.

CAPÍTULO 10

Resumo

As xerófitas e halófitas que crescem naturalmente nos desertos egípcios podem desempenhar um papel importante para o bem-estar dos egípcios. Para além de serem plantas tolerantes à seca e/ou à salinidade, todas têm certas potencialidades agro-industriais. Estas plantas são, de facto, recursos naturais renováveis promissores que poderiam fornecer ao país matérias-primas para diferentes indústrias. A conservação e a utilização sustentável destas plantas devem assentar numa base científica.

I- Xerófitas

As três Xerófitas selecionadas são: *Cornulaca monacantha*, *Leptadenia pyrotechnica* e *Retama raetam*.

II- Halófitas

As três halófitas selecionadas são: *Atriplex halimus, Juncus rigidus* e *Nitraria retusa*.

As plantas estudadas são caracterizadas por uma combinação particular de adaptações morfológicas e anatómicas que lhes permitem sobreviver sob stress hídrico, elevada concentração de sal, temperatura elevada e irradiações elevadas. Estas adaptações incluem:

1- Enrolamento ou queda das folhas para reduzir a área transpirante (*C. monacantha, L. pyrotechnica* e *R. raetam*).

2- Presença de vesícula salina, pêlos brancos e camada de cera na superfície da folha (*A. halimus)* que aumentam a reflexão da radiação solar e diminuem a transpiração cuticular,

3- O aumento da relação raiz/parte aérea e as raízes longas e fibrosas atingiram 11 m de profundidade no solo, enquanto a (*L. pyrotechnica*) atingiu a água subterrânea.

4- Deposição de cutícula espessa como (*N retusa*), macro-hastes densas (pêlos unicelulares).

5- Presença de estomas afundados, espaços intercelulares estreitos, tamanho e densidade do sistema vascular como (*R. raetam* e *A. halimus*)

No total, foram amostrados 31 sítios representativos das plantas estudadas (4 sítios para *L. pyrotechnica*, 6 sítios para cada uma das espécies *C. monacantha* e *R. raetam*, 5 sítios para *A. halimus*, 3 sítios para *J. rigidus* e 7 sítios para *N. retusa*). Os locais foram selecionados com base na variação visual no terreno da cobertura vegetal e nas caraterísticas climáticas e edáficas prevalecentes na zona de estudo.

A análise da vegetação foi efectuada quantitativa e qualitativamente (pelos métodos de quadratura e de transecto linear) para determinar a frequência relativa, a densidade relativa e a cobertura relativa de cada espécie.

Esta investigação mostra que os factores mais importantes que afectam a morfologia, a anatomia, a distribuição e a cobertura vegetal das espécies estudadas e que afectam a distribuição das plantas são (salinidade do solo, rácio de carbonato de cálcio, rácio de silte e argila e precipitação).

Setenta e cinco (75) espécies de plantas (69 perenes e 6 anuais) foram associadas às espécies estudadas em diferentes locais. Estas espécies pertenciam a 31 famílias. As principais famílias das espécies associadas são: Chenopodiaceae (13,69%), Compositae (9,59%), Zygphyllaceae, Gramineae e Leguminosae foram (8,22%). Cruciferae, Umblliferae, Boraginaceae, etc., estavam presentes em baixa proporção.

A corologia das espécies estudadas e associadas revelou que: a maioria das espécies registadas são: Os elementos monoregionais foram (66,7%) espécies registadas pertenciam ao Saharo-Árabe 37 espécies, o Sudão incluiu 6 espécies, o Mediterrâneo incluiu 3 espécies e o Irano-Turaniano incluiu 4 espécies. Vinte espécies da Biregional pertenciam ao Sara, a Sudaniana incluía 5 espécies. Cada uma das regiões do Mediterrâneo, do Sara Ocidental e do Irano-Turaniano, do Sara Ocidental e do Sara Ocidental incluía 6 espécies. O Mediterrâneo e o Irano-Turaniano incluíam 3 espécies. Os elementos pluri-regionais incluíam 5 espécies na região mediterrânica, irano-turaniana e saharo-árabe.

As formas de vida foram: Chamaephyte (60%), Phanerophyte (18%), Hemicryptophyte (14%), Therophyte (4%). Cada um dos Geófitos, Glicófitos e Helófitos foram (1,54%).

De um modo geral, o solo que suporta o crescimento das espécies estudadas é pobre em todos os nutrientes (elementos minerais) e nos teores de matéria orgânica. Os solos são arenosos, formados principalmente por areias grossas e finas, com pouca quantidade de silte e argila, exceto os locais de *J. rigidus* e *A. halimus*, que são franco-arenosos a argilo-arenosos.

O presente estudo indica que os parâmetros de potencialidade forrageira (cinzas, fibra bruta, proteína bruta, TDN e DCP) dão uma indicação altamente significativa nas halófitas do que nas xerófitas. No entanto, nas halófitas, o seu valor mais elevado foi determinado em *N. retusa*, seguido de *A. halimus*, enquanto o seu valor mais baixo foi obtido em *J. rigidus*. Nas xerófitas, o valor mais elevado foi registado em *C. monacantha*, seguido de *R. raetam*, enquanto o valor mais baixo foi obtido em *L. pyrotechnica*.

Conclusões e passatempos futuros

1- De um modo geral, a produtividade das xerófitas e halófitas na Península do Sinai é elevada.

2- As plantas estudadas têm uma ampla distribuição, mas a distribuição restrita de algumas espécies na Península do Sinai é um fenómeno ecológico que deve ser estudado cuidadosamente.

3- Este estudo mostrou que a distribuição da comunidade de plantas da Faixa de Gaza estava mais fortemente relacionada (altamente significativa) com factores edáficos como a humidade, a textura, os catiões, os aniões, o pH e a condutividade eléctrica. Estas espécies variam na sua composição química nas estações húmida e seca, o que pode satisfazer as necessidades do gado.

4- Poder-se-ia considerar a utilização de *A. halimus, C. monacantha, R. raetam* e *N retusa* e o novo rebento de *J. rigidus* como recursos forrageiros, especialmente na estação seca.

5- A utilização de *L. pyrotechnica* e *J. rigidus* como matéria-prima no fabrico de papel é melhor como planta fibrosa do que como planta forrageira.

6- A introdução de *A. halimus* e *N retusa* como culturas forrageiras não convencionais nas terras afectadas pelo sal nos desertos do Egito pode desempenhar um papel importante no que respeita à escassez de alimentos para animais e à produção de carne no Egito.

7- As sementes destas plantas devem ser guardadas no banco de genoma egípcio para serem utilizadas noutras investigações.

8- Finalmente, há uma proposta que visa travar esta destruição e a reabilitação destas plantas é essencialmente necessária. Além disso, a compreensão da relação entre os factores edáficos e a distribuição da vegetação ajuda-nos a aplicar estes resultados na gestão, recuperação e desenvolvimento de ecossistemas de pradarias áridas e semi-áridas no Egito.

Referências

Abbad, A.; El Hadrami, A. e Benchaabane, A. (2004). *Respostas de germinação do Saltbush Mediterrâneo (Atriplex halimus L.) ao tratamento com NaCl.* Revista de Agronomia; 3 (2): p 111-114.

Abdalla, O. M.; Ibrahim, A. E.; Aboul Ela, M. B.; Soliman, A. M.; Ahmed, M. A. (1995). *Composição química de importantes espécies de plantas de alcance nos Emirados Árabes Unidos. 1. Árvores e plantas perenes.* Faculdade de Ciências Agrícolas, Universidade dos EAU, Al-Ain, Emirados Árabes Unidos. Emirats Journal of Agricultural Sciences; (7): p 65-86.

Abdel Rahman, A. A.; Ibrahim, A. A. e Hassan, H. T. (1976). *Contribuição para os caracteres anatómicos de algumas xerófitas.* Boletim da Faculdade de Ciências, Universidade do Cairo; (49): p 139-162.

Abdel Wahab, R. H.; Zaghloul, M. S.; Kamel, W. M. e Abdel Raouf A. M. (2008). *Diversidade e distribuição de plantas medicinais no Norte do Sinai, Egito.* Jornal Africano de Ciência e Tecnologia Ambiental; v. 2 (7): p 157-171.

Abo Sitta, Y. M. (1981). *Estudos ecológicos de um sector na zona costeira do Mediterrâneo,* Egito. Tese de doutoramento, Faculdade de Ciências, Universidade do Cairo; 216 Pp.

Abu Hassan, A. A. (1985). *Atriplex uma cultura forrageira prospetiva em terras áridas e semi-áridas.* Alexandria, Journal of Agricultural Research; (30): p 807-819.

Adams, R. S.; Moore, J. H.; Kesler, E. M. e Stevense, G. Z. (1964).

Nova relação para estimar o teor de TDN das forragens a partir da composição química. Journal of Dairy Science; (47): 1461 Pp.

Ahmed, M. e El Hag, F. M. (2003). *Fornecimento de energia ao gado de pastagens tropicais durante a estação seca. Instituto de Estudos Ambientais*. Universidade de Cartum, PO Box 321, Cartum, Sudão. Tropical Animal Health and Production. Dordrecht, Países Baixos. Kluwer Academic Publisher; 35 (2): p 169-177.

Al Homaid, N.; Sadiq, M. e Khan, M. H. (1990). *Algumas plantas do deserto da Arábia Saudita e a sua relação com as caraterísticas do solo*. Instituto de Investigação, Universidade Rei Fahd de Petróleo e Minerais, Dhahran 31261, Arábia Saudita. Journal of Arid Environments; 18 (1): p 43-49.

Aronson, J. A. (1989). *HALOPHYTES: A database of salt tolerant plants of the world*; p 264-276. In: Ismaiel, S., Taha, F., Hasbini, B., and Rehman, K. (eds), Growth productivity and economic feasibility of the halophytes for sustainable agricultural production system. Simpósio internacional sobre a utilização óptima de recursos em ecossistemas afectados pelo sal em regiões áridas e semi-áridas, Cairo, Egito. Boletim do Centro de Investigação do Deserto.

Askar, A. e Treptow, H. (1993). *Garantia de qualidade na transformação de frutos tropicais*. Springer, Verlag, Berlim; Hedenberg, Alemanha. 238 Pp.

Ayyad, M. A. e Ghabbour, S. I. (1986). *Desertos quentes do Egito e* *do Sudão. Capítulo 5*. Em Ecosystem of the world, 12 B, Hot deserts and Arid shrub lands. (eds. M. Evenari *et al.*), Elsevier, Amesterdão; p 149-202.

Batanouny, K. H. (1979). *A Vegetação do deserto no Egito.* Universidade do Cairo, Afro. Studies Rev; (1): p 9-37.

Batanouny, K. H. (1985). *Nomes botânicos latinos de origem árabe.* Boletim da Faculdade de Ciências da Sociedade Humana, Universidade do Qatar; (9): p 395-431. (Em árabe).

Batanouny, K. H. (2001). *Plantas dos desertos do Médio Oriente. Berlim, Springer;* 193 p.

Batanouny, K. H. e Zaki, M. A. (1974). *Potencialidades de um sector na região da costa mediterrânica no Egito.* Journal ofVegetatio; (27): p 115-130.

Batanouny, K. H., Aboutabel, E., Shabana, M. e Soliman, F. (1999). *Wild medicinal plants in Egypt.* Cairo, imprensa de palma. 207 Pp.

Batanouny, K. H.; Ramadan, A. A.; Willems, J. H. e Werger, M. J. (1991). *Estudo do banco de sementes na área de wadi feiran, Sinai, Egito.* Proc. Intern. Conf, de crescimento de plantas, seca e salinidade na Região Árabe. Egito, 3-7 de dezembro de 1988. Publicado pela primeira vez pela Sociedade Botânica Egípcia, 1991.

Ben Abdallah, F. e Boukhris, M. (1990). *O efeito dos poluentes atmosféricos na Vegetação na região de Safax (Tunísia).* Departamento de Biologia, Faculdade de Ciências, 3038 Safax, Tunísia. Jornal da Poluição Atmosférica; (127): p 292-297.

Boulos, L. (I960). *Flora de Gebl El Maghara*, Sinai do Norte. Departamento de Extensão Agrícola, Ministério da Agricultura, Egito. Extension dept., Ministry of Agriculture, Egypt; 24 Pp + 22 Plates.

Boulos, L. (1995). *Flora of Egypt-Checklist*. Al Hadara publishing, Cairo, Egito. 283 Pp.

Boulos, L. (1997). *Endemic flora of the Middle East and North Africa.* p 229-260 in: Barakat, H. N. & A.K. Hegazy (eds.) Reviews in Ecology: Desert Conservation and Development. Cairo.

Boulos, L. (1999). *Flora do Egito. Volume 1 "Azollaceae-Oxalidaceae"*. Al Hadara Publishing, Cairo, Egito. 419 Pp.

Boulos, L. (2000). *Flora do Egito. Volume 2 "Geraniaceae-Boraginaceae"*. Al Hadara Publishing, Cairo, Egito. 325 Pp.

Boulos, L. (2002). *Flora do Egito. Volume 3 "Verbenaceae-Compositae"*. Al Hadara Publishing, Cairo, Egito. 373 Pp.

Boulos, L. (2005). *Flora do Egito. Volume 4 "Monocotiledóneas"*. Al Hadara Publishing, Cairo, Egito. 617 Pp.

British Pharmacopoeia (1993). VII, publicada por recomendação das comissões de medicamentos. Edição internacional; (2): 146 Pp.

Cain, S. A. (1950). *Formas de vida e fitoclima*. Journal of Botany; (16): p 1-32.

Canfield, R. (1941). *Aplicação do método de interceção de linhas na amostragem da vegetação de gama*. Journal of Forestry; (39): p 388394.

Chapman, H. D. e Pratt, F. P. (1978). *Método de análise de solos, plantas e água "wates".* Universidade da Califórnia, Divisão de Ciências Agrícolas.

Cioffi, G.; Sanogo, R.; Vassallo, A.; Piaz, F.; Autore, G.; Marzocco, S. e Tommasi, N. (2006). *Glicosídeos pregnantes de Leptadenia pyrotechnica.* Department of Faramciutical Scienence, University of Salerno, Via Ponte Don Melillo, 84084 Fisciano (SA), Itália; Journal of Natural Products. Washington, EUA: Sociedade Americana de Química; 69 (4): p 625-635.

Corleto, A.; Cazzato, E. e Laudadio, V. (1991). *A influência das frequências de corte e da irrigação no D.M.Y. e na qualidade da forragem de Medicago arborea* L. EEC Workshop. Árvores Forrageiras e Arbustos Otimização de uma Usbandaria Extensiva no Sistema de Produção Mediterrânico. Thessaloniki.

Coultas, C. L. e Gross, E. R. (1975). *Distribuição e propriedades de alguns solos de pântano de maré da Baía de Apalachee,* Flórida. Soil Sci. Socity, procedimento americano; 39 (5): p 914-919.

Crawley, M. J. (1997). *Plant Ecology, 2nd ed.* Blakwell Science LTD. Springer, Verlag, Berlim; 717 Pp.

Crisp, M. D. e Lange, R. T. (1976). *Estrutura etária e sobrevivência sob pastoreio do arbusto da zona árida Acacia burkitti.* Oikos; (27): p 86-92.

Cutler, D. F. (1969). *Anatomia de Monoctyledon, IV. Juncales.* Claredon Press, Oxford.

Danin, A. (1983). *Vegetação do deserto de Israel e do Sinai.* Editora

Cana de Jerusalém; 148 Pp.

Danin, A. (1986). *Flora e Vegetação do Sinai. Procedimentos da Royal Society of Edinburgh*; (89 B): p 159-168.

Danin, A.; Orshan, G. (1990). *A distribuição das formas de vida Raunkiar em Israel em relação ao ambiente.* Journal of Vegetation Science; (1): p 41-48.

Danin, A.; Plitman, U. (1987). *Revisão dos territórios geográficos de plantas de Israel e Sinai.* Journal of Plant Systematic and Evolution; (156): p 43-53.

Dash, M. C. (1993). Fundamentals of ecology. *Tata McGraw-Hill Publishing Company limited*, New Delhi; 373 Pp.

Davis, A. M. (1980). *A composição de oxalato, tanino, fibra bruta e proteína bruta de plantas jovens de algumas espécies de Atriplex.* Journal of Range Management; 34 (4): p 329-331.

Dawidar, A. M.; Fayez, M. B.; Amer, M. A. e Zahran, M. A. (1973). *Estudos ecológicos e químicos sobre Cornulaca monacantha.* 7th Arab Science Conference, Cairo; (3): p 221-226.

De Ridder, N.; Stroosijder, L.; Cisse, A. M. e Van Keulen, H. (1982). *Um estudo sobre os solos, a vegetação e a exploração dos recursos naturais.* Livro de curso PPS, Vol. (I).Wageningen: Universidade Agrícola; 231 Pp.

Dehan, K. e Tal, M. (1978). *Tolerância ao sal do parente selvagem do tomate cultivado: Respostas do painel Solanum à irrigação de alta salinidade.* Journal of Science; p 1-17.

Dembner, S. A. (1987). *Parar as areias em Marrocos e mais além.* In:

Perfil do projeto florestal da Organização das Nações Unidas para a Alimentação e a Agricultura; (5): 4.

Domois-Muller e Ellenberger, H. (1974). *Objectivos e Métodos da Ecologia da Vegetação.* Tohn Wiely, Sons, Inc. Canadá; 547 Pp.

El Hadidi, M. N. (1967). *Observações sobre a flora da região montanhosa do Sinai.* Bulletin de la Societie de Geographie d' Egypte; (40): p 123-155.

El Khouly, A. A. (1996). *Estudos ecológicos e fitoquímicos sobre espécies de Mesembryanthemum no deserto egípcio.* Tese de Doutoramento, Faculdade de Ciências, Universidade de Menoufia.

El Khouly, A. A. (2001). *Diversidade de espécies e fenologia na vegetação de terras húmidas do Oásis de Siwa, deserto ocidental, Egito.* Journal of Environmental science; (22): p 125-143.

El Khouly, A. A. e Abu El Nasr, H. M. (2006). *Avaliação de algumas halófitas dominantes como recursos forrageiros no oásis de Siwa, Egito.* El Minia Science Bulletin; 7 (1): p 45-76.

El Monayeri, M. O.; Khafagi, O. A.; Ahmed, M. A. e Al Tantawy, H. E. (1986). *Contribuição para a composição química de plantas pertencentes a vários grupos ecológicos na zona do Mar Vermelho.* Boletim do Centro de Investigação do Deserto; A.R.E.; 36 (2): p 405-430.

El Shaer, H. M. (1997*). Utilização sustentável de espécies de plantas halófitas como forragem para o gado no Egito.* Centro de

Investigação do Deserto, P.O. Box 11753, Mataria, Cairo, Egito. Paris, França: Centro Internacional de Altos Estudos Agronómicos Mediterrânicos (CIHEAM); p 171-183.

El Shatanawi, M. K. e Mohawesh, Y. M. (2000). *Composição química sazonal da erva-sal em prados semiáridos da Jordânia.* Journal of Range Management; (53): p 211-214.

Esu, K. (1977). *Anatomy of seed plants. 2nd ed.*, John Wiley, Nova Iorque. 550 p.

Evenari, M.; Shaman, L. e Tadmor, N. (1977). *O Negev, o desafio de um deserto.* Harvard University Press, Cambridge; 345 Pp.

Fahmy, G.M.; Hegazy, A. K. e Hassan, T. H. (1990). *Fenologia, conteúdo de pigmento e mudança diural de pralina em folhas verdes e senescentes de três espécies de Zygophyllum.* Journal of Flora, (184): p 423-436.

Fahmy, H. S. (2004). *Vegetação de dunas de areia.* Artigo de revisão; 53 Pp.

Fahn, A. (1974). *Plant Anatomy 2nd ed.*, Pergamon press, Oxford; p 410-412.

Fahn, A. e Cutler, D. F. (1992). *Xerophytes.* Berlim, Gebruder, Borntraeger.

Fatima, N.; Aftab, A.; Imtiazuddin, S. M. e Bushra, K. (1993). *Um triterpenóide de Leptadenia pyrotechnica.* Departamento de Química, Universidade de Karachi, Karachi 75270, Paquistão. Journal of Photochemistry; 32 (1): p 211212.

Ganor, E.; Markovitz, R. e Kesler, Y. (1973). *Clima do Sinai.* Serviço

Metrológico de Israel, Public. Ser. E 22, 43 Pp. (em hebraico).

Girgis, W. A.; Olama, H. Y. e Shehata, M. N. (1993). *Estudos ecofisiológicos sobre algumas plantas do deserto no sul do Sinai ocidental.* Boletim do Centro de Investigação do Deserto, Egito; 43 (2): p 133-153.

Hammouda, M. A. (1954). *Estudos sobre as relações hídricas e a transpiração das plantas do deserto egípcio.* Tese de Doutoramento, Faculdade de Ciências, Universidade do Cairo.

Hamzaoglu, E. (2006). *Estudos fitossociológicos sobre as comunidades estepárias da Anatólia Oriental,* Journal of Ecology; (61): p 29-55.

Hart, G. H.; Guilbert, H. R. e Goss, H. (1932). *Mudanças sazonais na composição química das forragens e sua relação com a nutrição dos animais.* California Agricultural Experimental Station Bulletin; (543): p 17-24.

Hassib, M. (1951). *Distribuição das comunidades vegetais no Egito.* Boletim da Faculdade de Ciências, Universidade de Fouad I, Cairo, Egito; (29): p 59-261.

Hegazy, A. K. e Amer, W. M. (2001). *Altitudinal and latitudinal diversity of the flora on the Eastern and Western sides of the Red Sea.* Actas da Terceira Reunião da IUPAC

Conferência Internacional sobre Biodiversidade, 3-8 de novembro de 2001, Antalya, Turquia.

Hela, A.; Dorra, A. e Ezzeddine, Z. (2008). Fisiologia da tolerância ao sal em Atriplex halimus L. Em Biosaline Agriculture e High

Salinity Tolerance Journal of Springer Birkhauser Verlag / Switzerland; p 107-114.

Heneidy, S. Z. (1996). *Palatabilidade e valor nutritivo de algumas espécies de plantas comuns da área do Golfo de Aqaba no Sinai, Egito.* Journal of Arid Environment; (34): p 115-123.

Heneidy, S. Z. (2002). *O papel das espécies indicadoras como forragem e fonte nutritiva eficaz na área de Matrouh, uma região costeira mediterrânica,* NW- Egito. Jornal Online de Ciências Biológicas; 2 (2): p 136-142.

Heneidy, S. Z. e Bidak, L. M. (2004). *Potenciais usos de espécies vegetais da região costeira do Mediterrâneo, Egito.* Paquistão, Jornal de Ciências Biológicas; 7 (6): p 1010-1023.

Holechek, J. L. e Herbel, C. H. (1986). *Suplementação do gado de pastagem.* Journal of Rangelands; (8): p 29-33.

Jackson, M. L. (1962). *Soil chemical analysis.* Prentice-Hall, Inc. Englwood Cliffs, N.j. 248 Pp.

Jadeja, B. A.; Bhatt, D. C. e Odedra, N. K. (2004).

Significado etnobotânico de Asclepiadaceae em Barda hills de Gujarat, Índia. Departamento de Botânica, M. D. Science College, Porbandar, Gujarat, Índia. Arquivos de plantas. Muzaffamagar, Índia: Dr. R.S. Yadav; 4 (2): p 459-461.

Jafri, S. e El Gadi, A. (1977). *Flora da Líbia 38: Zygophyllaceae, Tarabulus*: Departamento de Botânica, Faculdade de Ciências, Universidade Al Fateh; 55 Pp.

Johansen, D. A. (1940). *Plant Microtechnique.* McGraw Hill Book

Company, Nova Iorque; 553 Pp.

Jones, Jr. J. (1991). *Método de Kjeldhal para a determinação do azoto.* Micro-Macro publishing. Inc. Athens. Geórgia. EUA.

Jones, Jr. J. B.; Wolf, B. e Mills, H. A. (1991). *Plant analysis handbook.* Micro-Macro publishing. Inc. Athens. Geórgia. EUA.

Kandila, F. E. e Graceb, M. H. (2001). *Polyphenols from Cornulaca monacantha.* Journal of Photochemistry; (58): p 611-613.

Karsten, H. D. e Carlassare, M. (2002). *Descrevendo a composição botânica de um pasto misto de espécies do nordeste dos Estados Unidos rotacionado por gado*; Journal of Crop Science; (42): p 882-889.

Kassas, M. (1957). *Sobre a ecologia das terras costeiras do Mar Vermelho.* Jornal de Ecologia; (45): p 187-203.

Kassas, M. (1960). *Certos aspectos dos efeitos da forma do terreno nos recursos hídricos vegetais.* Boletim da Sociedade de Geografia do Egito; 33: p 45- 52.

Kassas, M. e Girgis, W. A. (1965). *Habitat e comunidades vegetais no deserto egípcio. VI: as unidades de um ecossistema do deserto.* Jornal de Ecologia; (53): p 715-728.

Kassas, M. e Imam, M. (1954). *Habitats e comunidades vegetais no deserto do Egito. III- O ecossistema do leito do Wadi.* Jornal de Ecologia; 42: p 224- 241.

Kassas, M. e Zahran, M. A. (1967). *Sobre a ecologia do pântano salgado litoral do Mar Vermelho.* Jornal de Monografias

Ecológicas; 37 (4): p 297-315.

Kershaw, K. A. (1973). *Quantitative and dynamic plant Ecology.* The English Language Book Society e Edward Arnold Publishers' London; 308 Pp.

Khalaf, F. I.; Misak, R. e Al Dousari, A. (1995). *Sedimentological and morphological characteristics of some Nabkha deposits in the northern coastal plain of Kuwait,* Arabia' Journal of Arid Environment; (29): p 267-292.

Khan, M. A. e Ungar, I. A. (1996). *Influência da salinidade e da temperatura na germinação de Haloxylon recurvum.* Journal of Annals Botany; (78): p 547-551.

Khorchani, T.; Hammadi, M.; Abdouli, H. e Essid, H. (2000). *Determinação da composição química e digestibilidade in vitro em quatro arbustos halofíticos no sul da Tunísia.* Instituto de Regiões Áridas, Tunísia, Centro Internacional de Pesquisa Agrícola em Áreas Secas (ICARDA); p 540-550.

Kinet, J. M.; Benrebiha, E. S.; Bouzid, Laihacar, S. e Dutuit, P. (1998). *Estudo da biodiversidade em Atriplex halimus para deteção in vitro e in vivo de plantas resistentes a condições ambientais adversas e para potencial micropropagação.* Jornal de Cahiers agricultures; (7): p 505-509.

Koller, D. (1964). *O valor de sobrevivência dos mecanismos de regulação da germinação no campo.* Herbage Abstracts; (34): p 1-7.

Kramer, P. J. e Boyer, J. (1995). *Water relations of plants and soils.* Academic Press, San Diego.

Le Houerou, H. N. (1980). *Browse in North Africa*. Addis Ababa: ILICA; p 55-82.

Le Houerou, H. N. (1992). *O papel dos arbustos salgados (Atriplex spp.) na reabilitação de terras áridas na bacia do Mediterrâneo*: uma revisão. Agroforestry Systems (18): p 107-148.

Le Houerou, H. N. (1995). *Halófitas forrageiras na bacia mediterrânica*; p 115-136. In: Chouker-Allah, R., C., Malcolm e A., Hamdy (eds.). Halophytes and biosaline

Agricultura. Marcel Dekker, Inc., Nova Iorque, Basileia, Hong Kong.

Le Houerou, H. N. (1996). *Árvores e arbustos tolerantes à seca e eficientes em termos de água para a reabilitação de terras áridas tropicais e subtropicais de África e da Ásia*. Land Husbandry; (1): p 43-64.

Le Houerou, H. N. (2000). *Utilização de árvores e arbustos forrageiros (trubs) nas zonas áridas e semi-áridas da Ásia Ocidental e do Norte de África (WANA): História e perspectivas*, uma revisão. Investigação e Reabilitação de Solos Áridos; (14): p 1-37.

Ludwig, J. A. e Reynolds, J. F. (1988). *Statistical Ecology: A primer on methods and computing*. Nova Iorque: John Wiley and sons; 337 Pp.

McGinnies, W. G., Goldman, B. J. e Paylore, P. (1968). *Deserts of the World (Desertos do Mundo)*. Tucson, A.Z: University of Arizona Press.

Mckell, C. (1992). *Tolerância à salinidade em Atriplex spp.* Arbusto forrageiro de terras áridas. In hand book of plant and crop stress {edt. M. Pesserakli}. Marcle Dekker, Inc. Nova Iorque. Basel. Hong Kong; p 497-503.

McLean, E. O. (1982). *PH do solo e necessidade de cal;* p 199-224. In: A. L. Page (ed.) methods of soil analysis. Parte 2: Propriedades químicas e microbiológicas. Ann., Soc., Agron., Madison, Wisc., EUA.

Menzel, U. e Leith, H. (1998). *Tabulação de halófitas registadas como utilizadas em diferentes publicações e manuais.* In: Hamdy, A., Leith, H., Tadorovic, M. e Moschenko, M. (eds), Halophytes usa em diferentes climas. Journal of Biometeorology; (2): p 127-133.

Migahid, A. M. e Ayyad, M. A. (I960). *Um estudo ecológico da área de Ras El Hikma.* Boletim do Centro de Investigação do Deserto, Egito; (10): p 1-120.

Migahid, A. M.; Abdel Wahab, A. M. e Batanouny, K. H. (1972). *Estudos ecofisiológicos sobre plantas do deserto, VII. Relações hídricas de Leptadenia pyrotechnica (Forsk.) Decene. crescendo no deserto egípcio.* Berlen; Journal of Oecologia; (10): p 79-91.

Migahid, A. M.; Shafei, M. A.; Abdel Rahman, A. A. e Hamouda, M. A. (1959). *Observação ecológica no Sinai ocidental e meridional.* Bull. Soc. Geogr. Egito; (32): p 165-206.

Mittler, R.; Merquiol, E.; Hallak Herr, E.; Rachmilevitch, S.; Kaplan, A. e Cohen, M. (2001). *Vivendo sob um dossel* *'dormente': um mecanismo de aclimatação molecular da planta do deserto Retama raetam.* Journal of Planta; (25): p 407-416.

Moh'd, K.; El Shatanawi, J. (2002). *Acumulação de matéria seca e conteúdo químico da erva-sal (Atriplex halimus) cultivada em arbustos do deserto mediterrânico.* New Zealand Journal of Agricultural Research; (45): p 139-144.

Moh'd, K.; El-Shatanawi, J. e Yaser, M. M. (2000*). Composição química sazonal da erva-sal em prados semiáridos da Jordânia.* Journal of Range Management; (53): p 211-214.

Mohamed, S. A; Abbas, J. e Saleh, M. (1991). *Natural diet of the Arabian Rheem gazelle.* Departamento de Biologia, Universidade do Barém, Isa Town, Barém. Journal of Arid Environments; 20 (3): p 371-374.

Mosallam, H. A. (2005). *Estrutura de tamanho da população de Zygophyllum album e Cornulaca monacantha na área de Salhyia, leste do Egito.* Jornal Internacional de Agricultura e Biologia; (3): p 345-351.

Mosallam, H. A. (2007). *Avaliação das espécies-alvo no Protetorado de Santa Catarina, Sinai, Egito.* Jornal de Ciências Aplicadas; 3 (6): p 456-469.

Mozafar, A. Goodin, J. R. e Oertil, J. J. (1970). *Interação entre sódio e potássio aumentando a tolerância ao sal de Atriplex halimus L. I- Caraterísticas de rendimento e potencial osmótico.* Journal of Agronomy; 62: p 478-480.

Mustafa, A. e Zayed, A. (1996). *Efeito de factores ambientais na flora de aluviões no sul do Sinai.* Journal of Arid environment; (32):

p 431-443.

Nefzaoui, A. (1997). *A integração de arbustos forrageiros e cactos na alimentação de pequenos ruminantes nas zonas áridas do Norte de África.* Recursos alimentares do gado em sistemas agrícolas integrados. Segunda Conferência Eletrónica da FAO, setembro de 1996-fevereiro de 1997; p 467-483.

Nerd, A. e Pasternak, D. (1992). *Crescimento, acumulação de iões e salinidade variável de azoto.* Journal of Range Management; (45): p 164-166.

Oasting, H. J. (1956). *The study of plant communities: An introduction to plant ecology 2nd ed.*, W. H. freeman and co., San Francisco and London; 440 Pp.

Olama, H. Y. e Shehata, M. N. (1993). *Estudos fitossociológicos sobre a vegetação da área de Ayon Musa*, Sudoeste do Sinai. Centro de Investigação do Deserto de Bulletain. Egito; (43): p 201-220.

Osman, A. E. e Ghassali, F. (1997). *Efeitos das condições de armazenamento e da presença de brácteas de frutificação na germinação de Atriplex halimus e Salsola vermiculata.* Journal of Experimental Agriculture; (33): p 149-155.

Osmond, C. B.; Bjoerkman O, e Anderson D. J. (1980). *Processos fisiológicos na ecologia vegetal.* Berlim: Springer Verlag.

Papanastasis, V. (1985). *Desempenho de certos arbustos forrageiros num ambiente semi-seco.* Boletim da Grécia; (4): p 137-145; Rede Europeia de Cooperação sobre Pastagens e Culturas Forrageiras da FAO, Elvas, Portugal.

Pengelly, B. C.; Muir, J. P.; Osman, A. E. e Berdahl, J. D. (2003). *Integração de forragens melhoradas e seu papel na suplementação da vegetação natural.* Actas do 7th International Rangeland Congress. Tecnologias de Transformação de Documentos, Durban, África do Sul; p 1306-1317.

Piper, C. S. (1950). *Soil and plant analysis.* Inter Science publishers; Nova Iorque. 186 Pp.

Rabiea, H. S. (1993). *Estudos sobre a ecologia e citologia de algumas espécies de Asclepiadaceae no Egito.* Mestrado, Faculdade de Ciências, Universidade de Mansoura; 224 Pp.

Raunkaier, C. (1934). *The lifeforms of plants and statistical plant geography (As formas de vida das plantas e a geografia estatística das plantas).* Oxford University Press, Londres, 632 p.

Richard, L. A. (1954). *Diagnosis and improvement of saline and alkali soils (Diagnóstico e melhoramento de solos salinos e alcalinos).* USDA. Department of Agriculture Handbook. Washington D. C. 60 Pp.

Ryan, J.; Garabet, S.; Harmson, K. e Rashid, A. (2001). *Soil and plant analysis laboratory manual 2nd ed.,* publicado conjuntamente pelo Centro Internacional de Investigação Agrícola nas Zonas Secas (ICARDA) e pelo Centro Nacional de Investigação Agrícola (NARC). Disponível em ICARDA, Aleppo, Síria; 172 Pp.

Said, R. (1962). *A Geologia do Egito,* Amesterdão. Imprensa Elsevier; 348 Pp.

Serage, M. S., Zahran, M. A. e Khedr, A. A. (2003). *Ecologia dos juncos e juncos tolerantes ao sal dominantes no delta do Nilo.* El Minia Science Bulletin; 14 (1): p 11-24.

Shaltout, K. H. e Ayyad, M. A. (1988). *Estrutura e cultura permanente das populações egípcias de Thymelaea hirsuta.* Journal of Vegetatio; (74): p 137-142.

Shaltout, K. H. e El Beheiry, M. (2000). *Demografia de Bassia indica na região do Delta do Nilo, Egito.* Journal of Flora; (195): 392-397 p.

Shaltout, K. H. Shededw, M. G. El-Kady H. F. e Al-Sodany, Y. M. (2003). *Fitossociologia e estrutura de tamanho de Nitraria retusa ao longo da costa egípcia do Mar Vermelho, Egito.* Journal of Arid Environments; (53): p 331-345.

Shaltout, K. H.; El-Halawany, E. F. e El Garawany, M. M. (1997). *Coastal lowland vegetation of eastern Saudi Arabia (Vegetação das planícies costeiras do leste da Arábia Saudita).* Departamento de Botânica, Faculdade de Ciências, Universidade de Tanta, Tanta, Egito. Jornal de Biodiversidade e Conservação; 6 (7): p 1027-1040.

Sharon, D. (1977). *O clima do Negev.* In: E. Sohar (ed.) the desert, past, present and future. p 37-40. Reshafim, Tel-Aviv (em hebraico).

Shata, A. (1956). *Desenvolvimento estrutural da Península do Sinai,* Egito, Boletim do Centro de Investigação do Deserto; 6 (2).

Shinwell, D. W. (1971). *Descrição e classificação da vegetação.* Sedgewik e Jackson. Londres.

Stidham, N. D.; Powell, J.; Gary, F. e Claypool, P. L. (1982). *Estabelecimento, utilização do crescimento e composição química de arbustos introduzidos na Oklahoma Tallgrass Prairie.* Journal of Range Management; (35): p 301-304.

Streb, P.; Tel Or, E. e Feierabend, J. (1997). *Efeitos do stress luminoso e proteção antioxidativa em duas plantas do deserto.* Journal of Ecology; (11): p 416-424.

Sudhersan, C.; Abo El Nil, M. e Hussein, J. (2003). *Tecnologia de cultura de tecidos para a conservação e propagação de certas plantas nativas.* Journal of Arid Environments; (54): p 133-147.

Tackholm, V. (1974). *Students' Flora of Egypt.* 2nd *ed.*, Universidade do Cairo, Cairo, Egito. 888 Pp.

Tackholm, V. e Drar, M. (1954). *Flora do Egito.* Boletim da Faculdade de Ciências, Universidade do Cairo; v (iii). No. 30.

Talamalia, A.; Dutuita, P.; Le Thomasb, A. e Gorenflotc, R. (2001). *Polygamie chez Atriplex halimus L. (Chenopodiaceae).* C.R. Academia das Ciências, Paris, Ciências da Vida. Jornal de Ciências da Vida; (324): p 107-113.

Talamucci, P. (1985). *Comportamento de alguns arbustos forrageiros no sul de Touscany.* Boletim de Itália; Rede Cooperativa Europeia de Pastagens e Culturas Forrageiras da FAO, Elvas, Portugal.

Tandon, H. L. (1991). Sulphur research and agriculture production in Indic. 3rd ed., Instituto do Enxofre. Washington, D. C.

Thalen. D. C. (1979). *Ecologia e utilização de áreas de arbustos do* *deserto no Iraque*. Dr. W. Junk, B. R. Publishers, the Huge.

Tripathi, R. D.; Seivastava, G. P.; Misra, M. S. e Pandy, S. C. (1971). *Teor de proteínas em algumas variedades de leguminosas*. The Allah Abad Farmer; (16): p 291-294.

Vakshasya, R. K.; Rajora, O. P. e Rawat, M. S. (1992). *Caraterísticas das sementes e das plântulas de Dalbergia sissoo Roxb: Estudos de variação da fonte de sementes entre dez fontes na Índia*. Journal of Forest Ecology Management; (48): p 265-275.

Vallance, R. A. (1989). *Saltbush as a rangelands feed resource*. Wool Technology and Sheep Breeding; (55): p 130-135.

Walter, H. (1961). *A adaptação da planta ao solo salino. Pesquisa em zonas áridas, procedimento do simpósio de Teerão*, UNISCO.

Walter, H. e Kreeb, K. (1970). *Die Hydration undHydratur des protoplasmas der pflenzen und ihre Oekophysiologische Bedeutung*. Protoplasmatologia IIC6, Viena - Nova Iorque.

Zahran, M. A. (1967). *Sobre a Ecologia da costa leste do Golfo de Suez. I. Pântano salgado litoral*. Boletim do Centro de Investigação do Deserto, Egito; 22 (1): p 193-203.

Zahran, M. A. (1989). *Princípios de ecologia vegetal e flora do Egito*. Dar El Nashr para Universidades Egípcias; 388 Pp.

Zahran, M. A. (1992). *Juncus e Kochia: halófitos produtores de fibras e forragens sob salinidade e aridez*: No livro manual de estresse de plantas e culturas {edt. M. Pesserakli}. Marcle Dekker, Inc. Nova Iorque. Basel. Hong Kong; p 505-527.

Zahran, M. A. e Boulos, S. T. (1973). *Potencialidades das plantas fibrosas da flora egípcia na economia nacional. I. Juncus rigidus* C. A. Mey e indústria de papel; Boletim do Centro de Pesquisa do Deserto, Egito. 22 (1): p 193-203.

Zahran, M. A. e El Habibi, A. M. (1973). *Uma investigação fitoquímica de Juncus Spp.* Bulletain da Faculdade de Ciências, Universidade de Mansoura.

Zahran, M. A. e Willis, A. J. (2009). *A Vegetação do Egito.* Londres, 2nd edição, Springer Publisher, Holanda; 437 Pp.

Zahran, M. A.; El Demerdash, M. A. e Mashaly, I. A. (1993).

Sobre a ecologia de Juncus acutus e J. rigidus como halófitas produtoras de fibras em regiões áridas. In Lieth, H. and Almasoom, A. ed. towards the national use of high salinity tolerant plants; (2): p 331-342. Klumer Academic publishers. Impresso em Nether land.

Zahran, M.A. (1982). *Ecologia da vegetação halófita.* Em D.N. Sen. e K.S. Rajpurhit (eds.), Contribution to the Ecology of Halophytes, Tasks for Journal of Vegetation Science; (2): p 3-20.

Zayed, K. M. (1984). *Estudos ecológicos sobre Retama raetam (Forssk.) Webb. Berth.in Egyptian desert.* Tese de Mestrado Faculdade de Ciências, Universidade do Cairo.

Zeinab, N. M. (1989). *Tolerância da beterraba forrageira à irrigação com água salina.* Tese de doutoramento Faculdade de Agricultura, Universidade do Cairo, Cairo, Egito.

Zohary, M. (1935). *Die Phytographische Glinderung der florader Halobensel Sinai.* Beih, Bot. Centralbl. Abt. B, (52): p 549621.

Zohary, M. (1973). *Geobotanical Foundations of the Middle East, Vols. (1 e 2).* Gustav Fischer Verlag, Estugarda, 739 Pp.

Printed by Books on Demand GmbH, Norderstedt / Germany